咖啡调制

张 娣
周 丽　主编

Coffee Making

化学工业出版社
北京

内容简介

《咖啡调制》以"模块""任务"的形式介绍了意式浓缩咖啡萃取、牛奶咖啡制作、菜单咖啡制作、风味咖啡制作以及多器具咖啡制作等内容,主要讲解了咖啡的种类和调制方法。本教材题材新颖,内容丰富,理论联系实际,并附有演示操作视频,具有针对性、实用性和指导性。本书可作为高等职业学校旅游管理、酒店管理与数字化运营、空中乘务和国际邮轮乘务管理等专业教材,也可以作为咖啡师岗前培训、就业培训等的培训用书,还可供咖啡爱好者自学和参考。

图书在版编目(CIP)数据

咖啡调制 / 张娣,周丽主编. --北京:化学工业出版社,2023.9

ISBN 978-7-122-43631-3

Ⅰ.①咖… Ⅱ.①张… ②周… Ⅲ.①咖啡-配制-高等职业教育-教材 Ⅳ.①TS273

中国国家版本馆CIP数据核字(2023)第104754号

责任编辑:王 可　　　　　　　文字编辑:张瑞霞 沙 静
责任校对:宋 玮　　　　　　　装帧设计:张 辉

出版发行:化学工业出版社
　　　　　(北京市东城区青年湖南街13号　邮政编码100011)
印　　装:天津市银博印刷集团有限公司
787mm×1092mm　1/16　印张11 1/2　字数201千字
2024年9月北京第1版第1次印刷

购书咨询:010-64518888　　　　　售后服务:010-64518899
网　　址:http://www.cip.com.cn
凡购买本书,如有缺损质量问题,本社销售中心负责调换。

定　价:48.00元　　　　　　　　　　　　　　版权所有　违者必究

编写人员名单

主　　编　张　娣　山东海事职业学院
　　　　　　　周　丽　山东海事职业学院

副 主 编　徐　萌　山东海事职业学院
　　　　　　　张懿卓　山东旅游职业学院

编写人员　张　娣　山东海事职业学院
　　　　　　　周　丽　山东海事职业学院
　　　　　　　徐　萌　山东海事职业学院
　　　　　　　张懿卓　山东旅游职业学院
　　　　　　　朱妮妮　山东海事职业学院
　　　　　　　尹晶莹　山东海事职业学院
　　　　　　　王文婧　山东海事职业学院
　　　　　　　牟佳佳　山东海事职业学院
　　　　　　　宋福震　青岛港湾职业技术学院
　　　　　　　吕　健　山东海事职业学院
　　　　　　　况　野　武汉市第一商业学校

主　　审　应　苏　九十九咖啡教室
　　　　　　　程爵浩　上海海事大学

PREFACE

《咖啡调制》是由邮轮职业教育协同发展联盟组织编写的系列教材之一，职业教育国际邮轮乘务管理专业国家级教学资源库配套教材。

本教材展示了从一粒咖啡豆到一杯咖啡的过程，并介绍了咖啡的起源与发展。另外，还讲解了日常咖啡调制的具体操作技术，并结合邮轮运营服务职业技能等级相关标准和咖啡师标准的要求，开展技术技能训练，提高学生职业能力素养。

本教材按照咖啡的种类介绍和调制操作共分为五个模块，十六个任务。编写中注重特色与创新，具体体现在以下三个方面：

1.本教材为职业教育国际邮轮乘务管理专业国家级教学资源库配套教材

本教材是国家级教学资源库课程体系中"咖啡调制技能"课程配套教材，共制作了包括视频、音频、动画、微课等600余条资源，并在各任务的做法或操作演示位置设置二维码，扫码即可将数字化教学资源立体、生动呈现，方便学生重复观看和演练。

2.挖掘课程思政元素，精准融入教材知识点

本教材遵循国家专业教学标准和课程教学标准，从学生职业素养养成的角度去挖掘职业道德、职业技能、职业行为等思政元素。每一任务明确了思政目标，依据专业和课程特点，有针对性地挖掘创新精神，弘扬工匠精神，提升职业素养，将立德树人理念及社会主义核心价值观有机融入相关任务中，实现了思政内容与咖啡调制技术技能相结合，达到润物细无声的作用。

3.深化产教融合，行业参与指导开发

本教材的编写邀请了国际精品咖啡协会（SCA）认证导师（AST）、SCA

高级咖啡师和烘焙师、AST咖啡师和烘焙师发证官、九十九咖啡教室创始人应苏先生参与教材框架、体例的研讨和教材编写工作，应先生就各种咖啡调制技能进行指导和视频展示。行业专家加入教材编写团队，提高了本教材的实用性和专业性。

本教材由山东海事职业学院牵头组织山东旅游职业学院、青岛港湾职业技术学院、武汉市第一商业学校四所院校中的11位教师共同编写完成。其中，张娣、周丽担任主编，徐萌、张懿卓担任副主编，朱妮妮、尹晶莹、王文婧、牟佳佳、宋福震、吕健、况野参与编写。应苏、程爵浩主审。具体分工如下：张娣负责总体设想和构架，提出编写要求和规范及统稿定稿等工作，模块一由周丽编写，模块二任务一由宋福震编写，模块二任务二由王文婧编写，模块三任务一和任务二由朱妮妮编写，模块三任务三和模块五任务一由徐萌编写，模块三任务四和模块四任务一由尹晶莹编写，模块四任务二由吕健编写，模块五任务二和任务三由牟佳佳编写，模块五任务四和任务五由况野编写，模块五任务六和任务七由张懿卓编写。

本教材在编写过程中参考、借鉴了中外学者编著的相关书籍和一些网络资料，以及咖啡饮品从业人员提供的意见和建议，同时，本教材的编写得到了各参编学校领导特别是联盟院校的领导和老师们的关心和支持，得到了上海海事大学程爵浩教授的帮助，谨此深表谢意！

鉴于编者视野和水平有限，本教材还存在许多不完善的地方。在此，恳请广大读者和使用单位对于本教材的不足之处给予批评与指正。

编　者

2024年7月

目录 CONTENTS

001　模块一　意式浓缩咖啡的萃取

- 003　知识点一　常用设备与器具
- 007　知识点二　萃取条件
- 007　知识点三　萃取步骤

015　模块二　牛奶咖啡制作

016　任务一　打奶泡

- 017　知识点一　常用设备与器具
- 019　知识点二　奶泡是如何形成的？
- 019　知识点三　牛奶的选择与保存
- 020　知识点四　打奶泡时牛奶的温度
- 020　知识点五　打奶泡的方法
- 022　知识点六　奶泡与牛奶的融合度的高低因素

026　任务二　咖啡拉花

- 027　知识点一　常用设备与器具
- 028　知识点二　咖啡拉花的方式
- 030　知识点三　咖啡拉花的制作方法
- 032　知识点四　咖啡拉花技巧

039　模块三　菜单咖啡制作

040　任务一　制作美式咖啡

041　知识点一　什么是美式咖啡
041　知识点二　器具与原料
042　知识点三　做法

049　任务二　制作拿铁咖啡

050　知识点一　什么是拿铁咖啡
051　知识点二　器具与原料
051　知识点三　做法

057　任务三　制作馥芮白咖啡

058　知识点一　什么是馥芮白咖啡
059　知识点二　器具与原料
059　知识点三　做法

065　任务四　制作卡布奇诺

066　知识点一　什么是卡布奇诺
067　知识点二　器具与原料
068　知识点三　做法

075　模块四　风味咖啡制作

076　任务一　制作焦糖玛奇朵

077　知识点一　什么是焦糖玛奇朵
078　知识点二　器具与原料
079　知识点三　做法

085　任务二　制作摩卡咖啡

086　知识点一　什么是摩卡咖啡
087　知识点二　器具与原料
088　知识点三　做法

095　模块五　多器具咖啡制作

096　任务一　手冲壶咖啡制作

097　知识点一　基本原理
097　知识点二　专用器具
100　知识点三　操作演示

107　任务二　虹吸壶咖啡制作

108　知识点一　基本原理
108　知识点二　专用器具
111　知识点三　操作演示

120　任务三　摩卡壶咖啡制作

121　知识点一　基本原理
121　知识点二　专用器具
123　知识点三　操作演示

131　任务四　法式压滤壶咖啡制作

132　知识点一　基本原理
132　知识点二　专用器具
133　知识点三　操作演示

139　任务五　爱乐压咖啡制作

　140　知识点一　基本原理
　140　知识点二　专用器具
　141　知识点三　操作演示

149　任务六　土耳其壶咖啡制作

　150　知识点一　基本原理
　150　知识点二　专用器具
　152　知识点三　操作演示

158　任务七　冷萃咖啡制作

　159　知识点一　基本原理
　159　知识点二　专用器具
　161　知识点三　操作演示

173　参考文献

模块一

意式浓缩咖啡的萃取

Espresso（意式浓缩咖啡）在意大利语中是快的意思，意指"快速萃取的咖啡"。即通过给粉碎的咖啡豆加以适当的强压，在短时间内萃取出的意大利式浓缩咖啡。

意式浓缩咖啡一般用17克的粉碎咖啡豆和93℃左右的水，加以9帕左右的压力，在20～30秒萃取出约60克的咖啡，并且萃取出咖啡中所有可溶性成分。因为这样的特性，运用意式浓缩专用机器，锅炉加热的热水通过加压辅助，产生人为压力萃取而成的咖啡，都统称为意式浓缩咖啡。比起其他方式萃取的咖啡，意式浓缩咖啡的萃取时间较短，咖啡因含量相对较低。因为浓缩程度较高，所以可以感受到其原本的味道和香气。意式浓缩咖啡是制作美式咖啡、拿铁咖啡、馥芮白咖啡等咖啡的基底，因此我们需要首先学习并掌握意式浓缩咖啡的萃取技术。

学习目标

● 知识目标

1. 了解制作咖啡时的常用设备与器具;
2. 了解意式浓缩咖啡的萃取条件与萃取步骤。

● 能力目标

1. 能够熟练制作意式浓缩咖啡;
2. 能够通过调整萃取时间等,获得最佳的意式浓缩咖啡风味。

● 素质目标

通过学习意式浓缩咖啡的萃取步骤,分析和掌握萃取过程的条件,培养精益求精、敬业爱岗的工匠精神。

任务描述

能熟练使用制作意式浓缩咖啡常用的设备与器具,掌握意式浓缩咖啡的萃取条件、萃取步骤等知识,理解意式浓缩咖啡的萃取原理,掌握意式浓缩咖啡的萃取技能。

任务要求

1. 上课当日饮食宜清淡,忌重油重辣,准备好一次性勺子、纸巾;
2. 准备好咖啡机、磨豆机、盎司杯等器具及咖啡豆,用于萃取意式浓缩咖啡演示;
3. 在教师引导下共同分析研磨度、压粉力度和萃取之间的关系;
4. 进行实践操作,完成一杯意式浓缩咖啡的萃取。

知识点一　常用设备与器具

1. 意式浓缩咖啡机

意式浓缩咖啡机按照操作方式大致分为全自动、半自动两类。专业咖啡经营场所多采用全自动和半自动咖啡机，酒店或餐厅等不以咖啡为主的经营场所一般选择使用全自动咖啡机。相对于全自动咖啡机而言，半自动咖啡机才称得上是专业的咖啡机，它需要通过咖啡师来控制冲煮咖啡用水的流量和时间，此项操作技能也是世界咖啡师大赛（WBC）的要求，因此在之后的学习中，没有对咖啡机进行特殊说明时都指意式半自动咖啡机。

图1-1　自动咖啡机

（1）自动咖啡机　也称为全自动咖啡机，或水量自动型咖啡机，实现了从咖啡豆磨粉到热水冲煮出咖啡的全过程自动化（图1-1）。

自动咖啡机内部装有电子控制系统，用来控制磨豆粗细和每杯咖啡的水量。更高级的自动咖啡机还可以通过电控板调节水压、水温等。此类咖啡机已成为酒店、办公室、便利店的首选。

（2）半自动咖啡机　半自动咖啡机需要操作者自己填粉和压粉，不能实现磨豆的功能，在制作咖啡时只能使用咖啡粉，使用按钮或操作杆就能启动或停止咖啡制作过程（图1-2）。

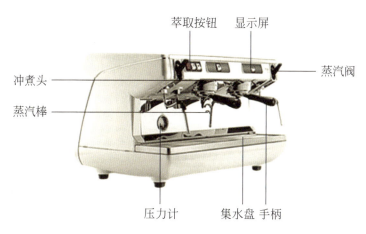

图1-2　半自动咖啡机构造

半自动咖啡机可以通过操作者自己选择粉量的多少和压粉的力度来做出口味各不相同的咖啡,故称之为真正专业的咖啡机,主要原理是以高温和高压的方法来冲煮咖啡。比起手动咖啡机,这种咖啡机的优势在于整个制作过程中提取咖啡的水是恒温的,泵压稳定,蒸汽恒压,不需要更多的手动过程,操作方便。

2.磨豆机

对于意式浓缩咖啡的萃取来讲,和咖啡机一样重要的设备就是磨豆机。磨豆机有手摇和电动两种类型,电动磨豆机转速均匀,研磨的颗粒均匀度高,是最常用的磨豆机。

电动磨豆机内置计时器可以简便地调节加豆量。开机后,电机带动内侧刀盘通过高速旋转将通过豆仓进入内外刀之间的咖啡豆分割成细小的颗粒。由于转速统一,研磨出来的咖啡粉颗粒均匀度高,细粉也较少,最终形成咖啡粉。电动磨豆机在研磨时,高速转动的刀盘会产生很高的热量,而咖啡粉受热会加速氧化,从而导致部分咖啡香气的挥发(图1-3)。

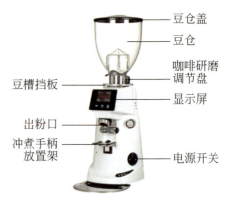

图1-3 电动磨豆机

电动磨豆机主要以刀盘的形式来分类,一般可分为平刀式、锥刀式与鬼齿式三种(图1-4)。

(a) 平刀式　　　　(b) 锥刀式　　　　(c) 鬼齿式

图1-4 平刀式、锥刀式、鬼齿式刀盘

平刀式:是以削的方式将咖啡豆研磨成颗粒,因此刀盘外形以片状为主。

锥刀式:是以碾的方式将咖啡豆研磨成颗粒,因此刀盘外形以块状为主。

鬼齿式:是以磨的方式将咖啡豆研磨成颗粒,因此刀盘外形以较接近圆形为主。

3.粉碗

粉碗是手柄附件中盛装咖啡粉的金属材质过滤器,也叫作滤芯。粉碗的底部是打通的孔眼,意式浓缩咖啡会通过孔眼萃取流出。通常使用直径54～58毫米的粉碗。型号有1杯用和2杯用两种，区别在于能盛放的咖啡粉的最大粉量不同，萃取量也会随之不同。具体见表1-1（图1-5）。

表1-1 粉碗类型

粉碗类型	型号	粉量	萃取的咖啡液量
单杯份粉碗	1杯用	11～14克	30克
双杯份粉碗	2杯用	17克	60克

（a）单杯份粉碗　　　　　　　　（b）双杯份粉碗

图1-5　单杯份粉碗和双杯份粉碗

4.布粉器

用布粉器布粉的目的是使从磨豆机出来的大小颗粒不同的咖啡粉尽量平均分布，打散结块，让粉碗内的咖啡粉密度趋于相近。适用于用手布粉不熟练或者需要大量出品咖啡时，能增加咖啡出品速度以及出品的稳定性。

一般常见的布粉器分为一字桨型、三叶桨型、四叶桨型，其作用都是为了拨平粉层（图1-6）。

（a）一字桨型　　　　　（b）三叶桨型　　　　　（c）四叶桨型

图1-6　一字桨型、三叶桨型、四叶桨型布粉器

5.压粉器

压粉器是制作意式浓缩咖啡最常用的工具之一。主要目的是将手柄内的咖啡粉水平压实，更好地让热水通过咖啡粉进行萃取，也为了让咖啡粉能承受住咖啡机萃取时产生的巨大压力，避免被冲散而影响萃取质量（图1-7）。

图1-7　压粉器的构造

压粉器基座的型号基本依照手柄的规格来选。先确定手柄内粉碗的直径,再选择相应的基座。这样在萃取意式浓缩咖啡时才能减少偏差。压粉器按照基座的底部形状不同,主要分类如表1-2所示(图1-8)。

表1-2 压粉器分类及特点

类型	特点
平底型基座(flat)	最常见的压粉器,底部为平底。属于欧洲弧形和平底的综合体,底部中心部分是平的,边缘倾斜下滑,有高度差,对于将咖啡成分汇集到中间有很好的效果
C-平底型基座(C-flat)	属于欧洲弧形基座和平底型基座的综合,底部是水平的平底,边缘呈弧状,有高度差
波纹形基座(ripple)	基座底部做成了波纹形,增大了表面积,使热水能够更好地浸入咖啡粉,达到充分预浸泡功能(有预浸泡功能的咖啡机不用选择此基座);但由于咖啡粉的高度不同,水通过的时间也不同,容易造成萃取不均现象
C-波纹形基座(C-ripple)	在波纹形基座的基础上做了改进,粉锤的底部在边缘部分做成了平底的,基座底部做成了波纹形增大了表面积,促使热水能够更好地浸入咖啡粉,尽量达到充分萃取
欧洲弧形基座(Euro curve)	中心部分到边缘部分逐渐倾斜下滑,中间高边缘低,高度差较大
美国弧形基座(U.S.curve)	中心部分到边缘部分逐渐倾斜下滑,中间高边缘低,高度差比欧洲弧形小

C-波纹形基座　波纹形基座　平底型基座　C-平底型基座　欧洲弧形基座　美国弧形基座

C-波纹形基座　波纹形基座　平底型基座　C-平底型基座　欧洲弧形基座　美国弧形基座

图1-8 基座类型

知识点二　萃取条件

一杯完美的意式浓缩咖啡的标准量是在20～30秒萃取出60克的咖啡。具体来说，萃取条件如下：

咖啡粉：17克

压力：9～10帕

水温：91～95℃

萃取时间：20～30秒

 ## 知识点三　萃取步骤

磨粉—布粉—压粉—萃取

第一步：磨粉。使用磨豆机将咖啡豆研磨成粉状（如图1-9所示）。

图1-9　磨粉

M1-1制作意式浓缩咖啡

 提示

研磨度应与萃取时间成正比，咖啡研磨的粗细度会直接影响萃取时间长短以及萃出率高低。咖啡粉磨得越细，粉层则越密实，意味着有较多的咖啡粉粒与热水接触，萃取的阻力就会较大，若萃取时间延长，很容易萃取过度。反之，咖啡粉磨得越粗，粉层则空隙越大，意味着有较少的咖啡粉粒与热水接触，萃取的阻力就会较弱，若萃取时间变短，很容易萃取不足。因此，咖啡磨得越细，萃取时间越长，萃出率越高；咖啡磨得越粗，萃取时间越短，萃出率越低。

使用电动磨豆机研磨咖啡豆的步骤：

（1）将适量咖啡豆投入磨豆机中；

（2）调节好研磨度，刻度越小磨出的咖啡粉越细，刻度越大磨出的咖啡粉越粗；

（3）开启研磨开关，咖啡豆被快速磨成粉末。

第二步：布粉。将研磨好的咖啡粉注粉到粉碗之后，用布粉器在粉碗上进行转动布粉（如图1-10所示）。布粉的目的是让粉碗内的咖啡粉分布均匀，表面平整，利于咖啡的均匀萃取。布粉的方式主要有两种：手指布粉、布粉器布粉。用布粉器布粉相比手指布粉更加稳定，且操作简单便捷，只需要把布粉器垂直放入粉碗，旋转数圈就可以使表面分布平整。

图1-10　布粉

第三步：压粉。压粉是将布好的咖啡粉层密度进行调整，使咖啡粉层表面均匀对称，并去除咖啡粉饼内部部分或所有空气。压粉也可以视为咖啡师对咖啡粉量、布粉以及研磨度直观的印象与反馈，而压粉力度则是咖啡师对当天咖啡豆的新鲜程度与烘焙程度的把控。

压粉步骤：

（1）将手柄置于水平的台面上，用压粉器对咖啡粉轻压；

（2）压粉器90°垂直，加大力度往下压，确保咖啡粉均匀平整，否则会导致萃取不均（如图1-11所示）；

（3）压粉器轻压，用手抹去粉碗多余粉末。

注意事项：压粉的力度。

（1）压粉的力度需根据咖啡粉研磨的粗细而决定，参考依据为萃取时咖啡的流速（萃取时间22～28秒）。如果流速过快，则压粉力度过轻；如果流速过

图1-11 压粉

慢，则压粉力度过重，这些会直接影响意式浓缩咖啡的成品以及咖啡的口感。此外，每个人的施力度都会不同，这也要根据实际萃取的效果来调节相应的力度。

（2）当咖啡豆新鲜程度过于新鲜时，因咖啡豆内部中可萃取的香气物质与香味物质偏多，且二氧化碳释放程度相对偏大，为了保证咖啡在萃取时所有物质正常地释放，在压粉时可相对减轻压粉力度，防止在萃取时因咖啡粉层密度过大而造成的萃取前期过度现象。随着咖啡豆新鲜程度的逐渐降低，其压粉力度也需不断增加。

第四步：萃取。高温高压热水开始浸入咖啡粉饼，咖啡开始吸收水分，从而发生微量的膨胀，咖啡的香气、酸质、甜感和苦味，会在不同的时间点被萃取出来，一杯均衡的浓缩咖啡，往往具有所有的这些特性。剩余咖啡粉中的物质开始溶解，咖啡液逐渐形成（如图1-12所示）。随着咖啡粉中物质的不断溶解，萃取的速率由快至慢，直至萃取完成。

图1-12 萃取

在20～25秒内萃取一杯60克的意式浓缩咖啡，要求具有令人愉悦的风味，口感丰富，没有苦、涩、渣等不良的口感，醇厚度极佳，油脂丰富且持续时间长。

(1) **准备器具及原料**

器具用品：咖啡机、磨豆机、咖啡杯、布粉器、压粉器、清洁毛巾。

原料：咖啡豆。

(2) **磨粉** 将适量咖啡豆粉碎后装入粉碗。

(3) **布粉** 如果没有这一步，粉碗里咖啡粉分布的密度就不平均，可能会出现通道效应（水流不均匀导致只有咖啡粉密度低的一侧实现萃取）或咖啡成分萃取不均匀。

(4) **压粉** 将咖啡粉装入粉碗后用压粉器压实。用压粉器压粉时，必须保持粉碗、压粉器和胳膊在一条直线上。要根据咖啡粉的量和粉碎程度来调节压粉强度。如果压粉力度过小，咖啡粉容易分散；相反，如果力度过大，水很难通过咖啡粉，可能造成咖啡成分的过度萃取。

(5) **按下萃取按钮，流出热水** 虽然每台机器都有一定的偏差，偶尔会出现比设定温度高的热水伴随着烧开的声音流出来。这种情况下，可以在萃取之前先放1次水，以便用固定的温度进行稳定的萃取。放热水还可以去除冲煮头上黏着的咖啡渣。

(6) **将粉碗固定在冲煮头上，马上按下萃取按钮** 注意在固定时尽量不要让粉碗受到冲击。如果在装好后不马上按下萃取按钮，冲煮头内部的温度会使咖啡粉在短时间内发生变化。从按下萃取按钮到正式有第一滴咖啡液流出会有3～5秒的时间，所以在这个时间准备杯子也不晚。

(7) **调整位置** 让咖啡能够沿着杯壁流入杯中。如果咖啡从杯内油脂中间处流入，表面就会出现斑纹。用肉眼或计量秤测出大概适当量（约60克）时，再次按下萃取按钮，停止萃取。

(8) **分享萃取完成的意式浓缩咖啡** 品尝风味，总结意式浓缩咖啡的萃取过程与技能要点。

咖啡机与咖啡磨豆机的清洁保养

1. 咖啡机的清洁保养

（1）每日清洁保养

蒸汽棒： 使用后应立即清洁。使用蒸汽棒制作奶泡后需将蒸汽棒用干净的湿抹布擦拭并再开一次蒸汽开关，利用蒸汽本身喷出的冲力及高温，自动清洁喷气孔内残留的牛奶，以维持喷气孔的畅通。如果蒸汽棒上有残留牛奶的结晶，请将蒸汽棒用装入八分满热水的钢杯浸泡，以软化喷气孔内及蒸汽棒上的结晶，20分钟后移开钢杯，并重复前述操作。

咖啡出口： 用专门的清洁手柄或清洁刷清洁。

排水槽： 取下盛水盘后用湿抹布或餐巾纸将排水槽内的沉淀物清除干净，再用热水冲洗，使排水管保持畅通；排水不良时可将一小匙清洁粉倒入排水槽内用热水冲洗，以溶解排水管内的咖啡渣油。

冲煮系统及手柄： 将手柄的粉碗取下更换成清洗消毒用的盲碗，加入一小匙（2～3克）咖啡机专用清洁粉后将手柄装到冲煮头上，并检查是否完全密合，然后再按下萃取键，约20秒后按键停止，如此重复数次至清洗干净。

（2）每周清洁保养 以500毫升热水溶解3匙清洁粉，拆下滤网及把手泡入水中，浸泡约60分钟后以清水冲洗干净。

出水口： 取下出水口内的冲煮铜头及滤网（如果机器刚使用过注意高温烫手），浸泡至清洁液中（500毫升热水兑三小匙清洁粉混合）一天，将咖啡油渣、堵塞物由铜头滤孔及滤网中释出；用清水冲洗所有配件，并用干净柔软的湿抹布擦洗；检视铜头滤是否都畅通，如有阻塞请用细铁丝或针小心清通；装回所有配件。

手柄： 将粉碗与手柄分解，用清水冲洗所有配件，并用干净柔软的湿抹布擦干。

2. 咖啡磨豆机的清洁保养

（1）豆仓 在每次使用完磨豆机，应将短时间内磨豆机豆仓中不使用的咖啡豆放到密封桶或单向排气阀密封袋中，这样不仅能保证豆子的新鲜程度，也可以使豆仓处于干燥洁净的状态。如果发现豆仓壁上有明显的油渍或银皮，就应及时清理，使用干净的干抹布或海绵配上洗洁精即可将豆仓清洗干净。

（2）**机器外壳**　先使用湿抹布加少许清洁剂擦拭外壳，再用干布将水渍擦除，让外壳重现亮丽。

意大利的意式浓缩咖啡

在意大利，常见的意式浓缩咖啡可以分为Single Espresso、Double Espresso和Doppio、Ristretto、Lungo四种。

1.Single Espresso

单份意式浓缩（1 shot），也叫"Solo Espresso"，浓缩咖啡的基本款，欧洲最流行的一款咖啡，用小玻璃杯盛，分量很少，喝法通常是一口喝完（图1-13）。

2.Double Espresso和Doppio

双份浓缩咖啡（2 shot），在意大利，人们称之为"Doppio"，Double Espresso和Doppio之间还是有区别的："Double Espresso"是一杯双份剂量的Single Espresso。"Doppio"是一杯和Single Espresso分量一样，但咖啡粉量是Single Espresso两倍的咖啡，也就是咖啡粉量为两倍，液量不变的浓缩咖啡，味道会更浓（图1-14）。

图1-13　Single Espresso　　　　图1-14　Double Espresso

3.Ristretto

短萃咖啡，它是所有浓缩咖啡里最浓的，是超高浓度的浓缩咖啡。它是用双份浓缩咖啡的咖啡粉量，50%的水量，采取短冲（15～20秒）形式制作出来的浓缩咖啡。澳白（Flat White）就是一种以Ristretto为基底的咖啡

（图1-15）。

4.Lungo

长萃咖啡，Lungo是意大利语"长"的意思，对应的英语是"long"，法语为"Café Allongé"。Lungo就是用比Single Espresso多一倍的水量，萃取时间延长到1分钟左右，咖啡液体量为50～60毫升（图1-16）。

图1-15 Ristretto　　　　　　图1-16 Lungo

三次咖啡浪潮

第一次咖啡浪潮：20世纪三四十年代，美国军队把咖啡当作必需品，带到世界各地，防止作战时的疲劳，咖啡的苦味起到提神作用从而被大众所了解。随后发明了速溶咖啡。

第二次咖啡浪潮：第二次世界大战以后，意大利的蒸汽加压萃取浓缩咖啡的方法开始被人们熟悉和接受，于是以浓缩为基础的花式咖啡也被人们认知，加以推广。在当时咖啡品质良莠不齐，一般采用深度烘焙，重视烘焙带来的焦糖感和醇厚度。随后星巴克等连锁咖啡店出现并风靡。

第三次咖啡浪潮：2000年左右，开始出现一波精品咖啡浪潮。强调咖啡的地域之味，每个地区生产的咖啡味道是不一样的，于是精品咖啡种植庄园开始出现，不再有瑕疵豆，提倡浅度烘焙，凸显咖啡本身的个性。

19世纪末和20世纪初意式浓缩咖啡的发明，真正奠定了意大利咖啡的全球声誉。如今，浓缩咖啡是意大利咖啡的全球声誉。Chiara Bergonzi作为拿铁技术冠军、国际评委、SCA认证、烘焙师，解释说，标准的意大利咖啡消费者寻找"浓烈、苦涩、便宜的浓缩咖啡",并看重"知名品牌及其所承载的魅力",指出:对于意大利人来说,咖啡更多的是关于社交的体验而不是咖啡本身。据报道,70%的意大利消费者喝浓缩咖啡。

意大利在咖啡的口味和习惯方面仍然延续着他们的传统。基于意大利人对喝咖啡速度的要求,价格低和冲煮方法的认可,与大多数其他欧盟国家相比,第三次咖啡浪潮在意大利的发展速度缓慢。但是意大利悠久的咖啡传统不容小觑,第三次咖啡浪潮并没有在意大利扎根,但是在发生变化,即使是缓慢的。

思考:通过阅读材料,从传承及创新的角度谈谈个人对第三次咖啡浪潮的理解。

岗位实训

在25～30秒萃取一杯粉水比为1∶2的意式浓缩咖啡,去找寻适合自己的意式浓缩咖啡的最佳风味,同时保证意式浓缩咖啡出品的一次性。

自我评价

通过学习本任务:_____。

我学到了_____

_____。

其中我最感兴趣的是_____

_____。

我掌握比较好的是_____

_____。

对我来说难点是_____

_____。

我将通过以下方法来克服困难,解决难点:_____

_____

_____

_____

_____。

模块二

牛奶咖啡制作

咖啡拿铁、馥芮白、卡布奇诺、焦糖玛奇朵……是很多咖啡爱好者的最爱,它们不仅拥有充满创意的拉花图案,更是意式浓缩咖啡、牛奶和奶泡的完美融合。一杯口感顺滑细腻、味道层次多变、拉花图案清晰精美的咖啡,必定是从完美的奶泡开始的。

奶泡与牛奶的融合度越高,拉花图案线条就越清晰、细腻;反之,拉花图案线条就会越模糊、粗糙。因此,制作一份完美的奶泡不仅对牛奶的选择及温度非常讲究,更需要对奶泡制作时蒸汽棒的位置、奶泡的打发方式、奶泡制作完成时的温度等环节精准控制、熟练操作。

任务一　打奶泡

学习目标

● 知识目标

1. 了解打奶泡时的常用设备与器具；
2. 了解打奶泡时的牛奶选择与牛奶温度；
3. 掌握打奶泡的原理。

● 能力目标

1. 熟练掌握打奶泡的方法；
2. 能够熟练完成打奶泡。

● 素质目标

1. 通过学习打奶泡时对牛奶的温度掌控、蒸汽棒的位置确定等，培养一丝不苟、专注、坚持的工匠精神；
2. 通过学习分析蒸汽与牛奶之间的关系，培养勤于思考、一丝不苟的精神和认真负责的态度，培养自主学习的能力、与人探讨的团队协作精神。

任务描述

本任务要求了解打奶泡的常用设备与器具、牛奶的温度、蒸汽棒的位置确定、打奶泡的方法等知识和技能，理解打奶泡的原理，掌握打奶泡的技能。

任务要求

1. 准备好全脂纯牛奶、干净的抹布、温度计；
2. 准备好咖啡机、奶缸等设备和器具，用于打奶泡演示；
3. 在教师引导下共同分析蒸汽棒的位置、牛奶温度与奶泡之间的关系；
4. 学生进行实践操作，完成一壶奶泡的制作。

知识点一　常用设备与器具

1.奶缸

制作奶泡的专用容器，也叫作拉花缸。通过加入牛奶，用蒸汽棒制成奶泡。奶缸的选择如下：

（1）**容量**　奶缸的容量有很多种，在使用中要根据咖啡杯的容量进行选择。例如：咖啡杯容量在250毫升以下，奶缸容量一般选择350毫升；咖啡杯容量在250毫升至400毫升，奶缸容量一般选择600毫升（图2-1-1、图2-1-2）。

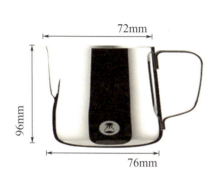

图2-1-1　350毫升奶缸

图2-1-2　600毫升奶缸

（2）**嘴形**　奶缸的嘴形有圆嘴、尖嘴、弯嘴、长嘴、斜口、平嘴、超宽嘴等多种类型，其中以圆嘴和尖嘴最为常见。圆嘴适合爱心、郁金香、推心等常规图案；尖嘴适合压纹、小树叶等纹路细小图案（图2-1-3）。

图2-1-3　圆嘴奶缸及尖嘴奶缸

（3）**材质**　奶缸以不锈钢材质的最为常见，具备使用寿命长、温度敏感度佳的特点。铜、塑料及陶瓷材质奶缸因其导热性能的原因，使用范围相对小众化。

2.奶泡打发组件

打发奶泡需要连续、干燥、稳定的蒸汽，意式咖啡机是最佳选择。意式咖啡机在不同控制模块的作用下实现冷水注入、水箱储存、水泵推动、锅炉加热，在产生热水与蒸汽之后，热水通过管道进入冲煮头来萃取咖啡，蒸汽通过另外的管道进入蒸汽棒来打奶泡。

意式咖啡机内部的锅炉是其核心组件，锅炉的大小、是否有单独的蒸汽锅炉、锅炉内蒸汽的温度、锅炉的保温性都会对打奶泡时蒸汽的干燥度与稳定性产生影响。通常较大的或者独立的锅炉，蒸汽储存量较多，有利于连续稳定地输送蒸汽；锅炉内蒸汽温度较高，锅炉保温性好则蒸汽较为干燥与稳定。意式咖啡机蒸汽量的大小可以调整，但却很有限，所以在初期练习阶段不建议调整蒸汽量的大小，可以先熟悉现有的状况，等熟练之后再依照个人的需求调整蒸汽量的大小。

蒸汽棒的长度、粗细、孔径也会对奶泡的打发产生影响。常见的蒸汽棒从长度上一般分为长管型和短管型，相同粗细的蒸汽棒，长管型的蒸汽棒打出的蒸汽强度要弱一些，短管型整体强度更强一些。但是在操作上，长管型的活动空间更灵活，而短管型的蒸汽棒则更容易受到限制。从粗细上一般分为粗管和细管，相同长短的蒸汽棒，粗管的出气量要比细管的更大，但是细管打出的蒸汽强度比粗管的强度更强。意式咖啡机蒸汽棒主要以4孔为主，规格有1.0毫米、1.2毫米、1.5毫米等。蒸汽干燥与孔径大小息息相关，在锅炉温度大小一致时，蒸汽棒孔径越小，蒸汽更加干燥，但蒸汽容易力量不足，打发奶泡变得困难。

打奶泡前应对意式咖啡机的构造、特点、蒸汽量、连续性等充分熟悉了解，为打好奶泡奠定基础（图2-1-4～图2-1-6）。

图2-1-4　奶泡打发组件　　图2-1-5　蒸汽棒及蒸汽喷嘴　　图2-1-6　输送蒸汽

知识点二　奶泡是如何形成的？

所谓打奶泡，就是将牛奶倒入奶缸中，通过向牛奶内注入蒸汽，增大牛奶液面与空气的接触面积，从而使尽量多的空气被包裹在蛋白质支撑的脂肪球结构中，形成一个泡沫空间结构，以达到起泡和加热牛奶的目的。打奶泡的最终目的是尽可能地将泡沫粒子打碎，使其在牛奶中完全扩散，泡沫越细腻，咖啡的味道和触感就越柔软。

意式咖啡机的蒸汽棒通过高温高压将蒸汽注入牛奶液体里，保持蒸汽棒不动，乳蛋白表面在张力作用下生成细小泡沫，液体状牛奶体积膨胀后形成牛奶泡沫。牛奶中的脂肪能够使牛奶泡沫形成安定状态，停止打泡后也不会很快恢复原来的状态，泡沫能够存在较长时间。

一缸好的奶泡应具备以下特点：

（1）摇晃起来是顺滑轻盈的；

（2）绵密无气泡产生；

（3）流动性好，稳定性强（图2-1-7、图2-1-8）。

图2-1-7　成功的奶泡

图2-1-8　失败的奶泡

知识点三　牛奶的选择与保存

市场上所销售的牛奶，依照脂肪含量的多少，分为全脂、脱脂和低脂。除了脱脂牛奶制作奶泡时相对困难，不易发泡以外，脂肪含量在4%以上的全脂和低脂牛奶则容易很多。由于牛奶在利用蒸汽打发泡时，时间和温度的把握尤为关键，制作奶泡时，建议选择全脂牛奶。

此外，牛奶应冷藏保鲜，冷藏温度以2～5℃为最佳。冷藏不仅可以保证牛奶的新鲜度，还可以延长升温时间，牛奶起点温度越低，可以操作的时间越长，形成漩涡越久，牛奶打绵越充分，奶泡就可以打发得越细腻绵密。

知识点四　打奶泡时牛奶的温度

牛奶温度在10～15℃时开始打奶泡，打发奶泡的停止温度一般在60～65℃（SCA与一般精品咖啡馆都是在这个范围之内）。牛奶温度低于55℃，甜感会被弱化。牛奶温度超过70℃，其蛋白质成分便会被破坏，甜感下降，醇厚度下降，因此最好在此之前停止打泡。牛奶温度很高时开始打泡，就意味着打泡的时间会相对缩短，牛奶和泡沫的混合会不够稳定。这样就无法做出漂亮的奶泡（图2-1-9）。

图2-1-9　打蒸汽奶泡时牛奶的温度

知识点五　打奶泡的方法

1. 打奶泡的两个阶段

打奶泡的方法不一，但总体来说有两个阶段：

（1）第一个阶段：打发　打发就是注入蒸汽，使牛奶发泡。

打开蒸汽，将蒸汽棒的顶端保持在稍微触及牛奶表面的程度，在牛奶液体中注入空气，这时会听到微小的"呲呲呲"的声音。注入空气之后，牛奶产生泡沫，液体表面就会自然而然地上升到蒸汽棒之上，这时需要将奶缸轻轻提拉，从而让蒸汽棒稍微向下埋一点，也就是需要找到合适的位置，以便顺利实现旋转。

如何确定蒸汽棒的位置？

放置蒸汽棒的位置有3个标准：从前面看要竖直，从侧面看要在7点方向，从上面看要在10～11点方向。另外，蒸汽棒要和奶缸的侧面呈水平状态，伸入牛奶表面一个小指节（约1厘米）左右即可（图2-1-10～图2-1-12）。

图2-1-10　正视图

图2-1-11　侧视图
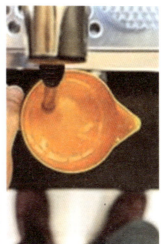
图2-1-12　俯视图

（2）第二个阶段：打绵　打绵则是发泡后的牛奶液面会自然沿着一定的轨迹运动，利用旋转的方式卷入空气，将较大的奶泡尽可能分解成细小的泡沫，并让牛奶分子之间产生黏结的作用，使得奶泡组织变得更加绵密。

旋转最重要的是找到蒸汽棒的适当位置，使牛奶能够朝固定方向充分旋转。针对大多数的新手而言，在左手边的蒸汽棒打发奶泡时，顺时针的圆形旋转是最佳的轨迹，也可根据习惯使用逆时针的圆形旋转。蒸汽棒插入奶缸时，从奶缸的中心偏靠近蒸汽棒的方位插入奶缸，然后让蒸汽棒与牛奶液面形成大约75°的夹角，让液面旋转起来。如果牛奶的表面出现不规则的鼓动，那就不是打奶泡，只能算是给牛奶加热。蒸汽的方向、强度、蒸汽棒和奶缸的距离等都要考虑到才能做到完美的旋转（图2-1-13）。

图2-1-13　打绵

M2-1 打奶泡的方法

2.打奶泡的两种方法

方法一：边打发，边打绵，就是注入空气与旋转同时进行，把打发牛奶和打绵牛奶结合在一起。

固定奶缸和蒸汽喷头位置，并将蒸汽棒伸入牛奶 1 厘米左右。在这个状态蒸汽注入空气之后，牛奶就会开始上下翻滚，蒸汽棒会反复露出或浸入牛奶表面。在这个过程中不需要改变奶缸和蒸汽棒的位置，因为牛奶是液体，它会在蒸汽的推力下自动改变上下位置，奶泡便自然形成并和牛奶混为一体。

运用这样的方法制作出的奶泡组织会比较细致柔软，但奶泡的绵稠度会稀一点，不容易产生有绵密弹性的奶泡组织，拉花的时候圆形比较容易。

方法二：先打发，后打绵，也就是先注入空气再旋转，先打发牛奶再打绵奶泡。

若想打出一手好奶泡，就要仔细倾听牛奶和蒸汽相遇时发出的声音，这是了解牛奶和蒸汽之间的摩擦程度以及奶泡状态的标尺。如果声音很大，就说明奶泡较粗，如果声音很小，就说明奶泡很细腻。最开始给牛奶加蒸汽的时候会发出"呲"的声音，此时注入空气，产生大奶泡。在制造奶泡的初期，一定要把蒸汽棒放在牛奶的表面，使其发出这种声音。做旋转时再插深一些，此时就会发出"嗡"的声音，大奶泡会分散成小奶泡。如果这个动作没做好，奶泡的质量则会下降。奶泡不够细腻，基本上都是因为一次性注入了太多空气。这种情况下会发出很大的"呲"的声音，大奶泡会浮在牛奶表面。即使做了旋转这种奶泡也很难变得细腻，因此一定要小心。

这种方式制作出的奶泡组织绵稠度较高，可以产生有弹性的奶泡，但是在打发的阶段，容易产生大的奶泡，而不容易画圆形，不过冲煮出的咖啡拉花口感会比较绵密。

知识点六　奶泡与牛奶的融合度的高低因素

1.蒸汽棒气压的大小

蒸汽棒气压的大小会使得奶泡在打发过程中形成不同程度的翻滚，气压越大，融合度越高。

2.奶泡的细腻程度

打发出的奶泡越细腻，则单个奶泡中所含空气越少，密度高，浮力小；打发出的奶泡越粗糙，则单个奶泡中所含空气越多，密度低，浮力大。如打发出的奶泡较为粗糙，奶泡会快速浮于牛奶表面，融合度较低；如打发出的奶泡较为细腻，奶泡浮于牛奶表面的速度缓慢，融合度较高。

任务分析

在25～30秒内完成一壶奶泡的制作，要求奶泡绵密细腻，有厚重感。

任务实施

（1）**准备好制作器具和牛奶**　启动意式咖啡机，等待咖啡机的水温和压力达到额定工作压力后方可使用。等待的同时准备好奶缸、干净的抹布、温度计和冷藏好的牛奶，做好打发准备。

（2）**将牛奶倒入奶缸中**　牛奶升至奶缸凹槽附近，或者奶缸的1/3～1/2时，停止倒入。因为在蒸汽打入牛奶的过程中牛奶会旋动，并且产生奶泡，而奶泡与牛奶混合后会使奶缸中的液体体积增加。因此不能加太多牛奶，否则很容易溢出来。

（3）**空喷蒸汽棒**　因为蒸气管中可能有一些凝结的水汽，所以在准备打奶泡之前，需要先放一放，以排出管中多余的水分。

（4）**找好蒸汽棒与奶缸的角度**　从奶缸的中心偏靠近蒸汽棒的方位插入奶缸，蒸汽棒放在壶内牛奶液体表面下方1厘米处，然后让蒸汽棒与牛奶液面形成大约75°的夹角，可以比较容易地让液面旋转起来。

（5）**打发牛奶**　打开蒸汽开始进气，观察牛奶表面，如果牛奶旋转起来没有听到"呲呲呲"的声音，说明气没打进去，这时需要把奶缸稍微下放一点，把喷嘴露出一点，以便进气，听到"呲呲呲"进气声的同时，停止下放奶缸，保持原处不动。这时要观察牛奶运动的状态，正常情况应该是边进气液体边旋转，形成漩涡。下移奶缸进气的动作一定要细微渐进，不能过猛，听声音差不多是在进气状态就要稳住并停止下放。

（6）**打绵牛奶**　随着液面进气和温度的上升，牛奶进气时表面较大的气泡会随着旋转运动逐渐消失，目测表面看不出明显大气泡后，牛奶液体基本已经打成了细小泡沫状态的绵密奶泡时，这样基本完成了从液体到奶泡的形态转换。这时左手可把奶缸微微上抬，把喷嘴埋入牛奶表面以下，这之后的旋转过程温度会不断上升，此时重点留意通过奶缸表面感受到的温度，如果估计大概达到60～65℃（可以辅助温度计来熟练感知过程），则表明奶泡基本打发到位，可以关掉蒸汽棒。打发奶泡的评判标准就是看是否绵密细腻，有不错的流动性。如果奶泡打得过于轻薄也算是失败的。

（7）湿抹布擦拭 用湿抹布将附着在蒸汽棒上的奶渍擦干净，同时再放一放蒸汽，将蒸汽棒中残留的牛奶随蒸汽一起喷出，以免牛奶干了之后堵塞蒸汽棒。

（8）轻敲、摇晃奶沫 将奶缸在桌面上轻敲几下，可震碎部分粗奶泡，或者倒到另外一个奶缸，能去除较大气泡。奶泡在奶缸里，一直要保持同一方向轻轻绕圈摇动，使奶泡整体质地均匀，直到倒入咖啡为止，以防停下来之后，奶沫和牛奶分层。

（9）任务总结 回忆奶泡打发过程中蒸汽棒的角度和位置、进气声音及牛奶旋转状态；观察打发后奶泡大小及流动性；测量奶泡温度并品尝奶泡口感，师生互评、讨论，查找问题、总结经验，校正奶泡打发流程。

奶泡消失的过程

粒子的大小不同，泡沫移动的速度会发生变化。如果奶泡粒子较小，牛奶的密度就很高，奶泡的移动速度较慢，这也意味着其形态可以维持较长时间。相反，如果奶泡粒子较大，牛奶的密度就较低，奶泡的移动速度较快，这就意味着无法长时间维持其形态。奶泡粒子大的奶泡，其质感较粗；相反，粒子小的泡沫质感比较细腻。

牛奶的黏性也会左右泡沫移动的速度。黏性越高，泡沫的移动速度越慢。牛奶比水的黏性大，一般牛奶比脱脂或低脂牛奶的黏性大，越是脂肪含量高的牛奶，打出的泡沫越能维持长久。市场上贩卖的咖啡师专用牛奶就是根据此特性而开发的，为了提高泡沫的品质而对牛奶做了优化。

性质变化速度快是泡沫的特性，咖啡师在打完奶泡之后也不能掉以轻心。因为放置一段时间泡沫就会分层，做拉花时咖啡无法钻入牛奶之中。咖啡师通常打完奶泡就马上做拉花也是基于这个原因。

是谁第一个发现了咖啡？

关于咖啡是怎么被发现的，"牧羊人的传说"被人津津乐道。大约公元六世纪，在埃塞俄比亚高原地区，有位牧羊人卡尔弟，有一天在放羊时发现自己饲养的羊群忽然在那儿蹦蹦跳跳，显得异常亢奋。他很困惑山羊的这种状态。

经过观察，卡尔弟发现羊是由于吃了某种红色的果实才会亢奋不已。他出于好奇也尝了一些，食后精神爽快。此后，他经常带着山羊来吃。这种红色果实逐渐流传开来。据说，后来该果实被用来做提神药，颇受医生们的好评。另外一个版本是卡尔弟把红色果实的奇妙之处告诉了部落首领，首领命工人将果实制作成一种泡制剂，并将其取名为"kahwa"，后来这种红色的果实流传到各个部落，被越来越多的人认识。

用600毫升的奶缸，打一壶奶泡，要求奶泡温度为60～65℃，液面上升1厘米。

自我评价

通过学习本任务：_____。

我学到了_____

_____。

其中我最感兴趣的是_____

_____。

我掌握比较好的是_____

_____。

对我来说难点是_____

_____。

我将通过以下方法来克服困难，解决难点：_____

_____

_____

_____。

任务二　咖啡拉花

学习目标

● 知识目标

1. 了解制作咖啡拉花的常用设备与器具；
2. 掌握三种咖啡拉花的制作步骤；
3. 掌握基础咖啡拉花及进阶咖啡拉花的制作方法。

● 能力目标

1. 掌握三种咖啡拉花的操作方式；
2. 能够熟练制作咖啡拉花。

● 素质目标

1. 通过学习咖啡拉花的常用设备与器具、拉花方式及制作方法等，培养精益求精、专注创新的工匠精神；
2. 通过学习基础咖啡拉花及进阶咖啡拉花的制作方法，形成严谨的职业规范，培养良好的职业素养。

任务描述

掌握咖啡拉花的常用设备与器具、三种咖啡拉花的方式、基础咖啡拉花及进阶咖啡拉花的制作方法等知识和技能，理解三种咖啡拉花的操作原理，掌握咖啡拉花的制作技能。

任务要求

1. 上课当日饮食宜清淡，忌重油重辣，准备好一次性勺子、纸巾；
2. 准备好咖啡机、拉花缸、雕花棒、咖啡杯等器具，用于咖啡拉花的演示；
3. 在教师引导下共同分析使用不同拉花方式制作咖啡拉花的操作技巧；
4. 进行实践操作，完成一杯咖啡拉花的制作。

知识点一　常用设备与器具

在咖啡拉花的训练和创作中，可变的因素诸多，例如：咖啡机参数、磨豆机研磨、咖啡豆拼配以及咖啡师本身，这些就是意式咖啡学习理论中的4M定律［4M：Miscela（咖啡豆的综合配方/种类的混合）、Macinazione（咖啡豆的研磨方法/正确地研磨粗细）、Macchina（浓缩咖啡机）、Mano（咖啡师）］。

在意式咖啡体系中，最大的变因是"咖啡师本身"，咖啡师对咖啡机、磨豆机及意式咖啡拼配和咖啡拉花工具的选择起决定性作用，这是对咖啡技能的保证和对咖啡品质的责任。

咖啡拉花常用的工具有：咖啡机、拉花缸、雕花棒、咖啡杯、辅助工具。

1. 拉花缸

（1）拉花缸的材质　打奶泡时，需选择质地厚实、不锈钢的拉花缸。原因如下：

第一，不锈钢导热快，用手触碰可以感觉到温度；

第二，其耐热坚固的特性，既容易杀菌又易于清洗。

（2）拉花缸的嘴形　常见拉花缸分为两种（尖嘴、圆嘴），不同的拉花图形可选用不同嘴型（图2-2-1）。

图2-2-1　圆嘴拉花缸和尖嘴拉花缸

圆嘴拉花缸：适合制作圆润、丰盈的拉花，如爱心、郁金香、推心等常规图案；

尖嘴拉花缸：适合制作线条、层次的拉花，如压纹、推心、郁金香、树叶、小树叶等图案。

（3）拉花缸的容量　拉花缸的容量分别有300毫升、600毫升、750毫升、1000毫升。

300毫升的拉花缸：一般用途是用来制作200毫升内的小型杯咖啡和打发牛奶，此容量的拉花缸缸身小，打发的奶沫融合度高（均匀混合，整体统一）。

600/750毫升的拉花缸：一般用来制作比较复杂的拉花图案，如组合图案或压纹图案等，此容量的拉花缸适用于比较常见的80～400毫升的杯型。

1000毫升的拉花缸：一般用于两杯300毫升左右的牛奶咖啡的制作。如果咖啡馆订单多的情况下，此容量的拉花缸可以为咖啡师节省很多时间。

2. 雕花棒

雕花棒是花式拉花的专用器具，一根长度跟笔差不多的棒，头尖，主要用于咖啡拉花造型、勾花（图2-2-2）。

图2-2-2　雕花棒

3. 咖啡杯

咖啡杯的选择大致有以下三个原则：

第一，同样的容量下，杯口越大越有利于图案的形成。咖啡拉花是通过咖啡油脂（Crema，音译：克雷马）和牛奶的奶泡融合时两者之间的相对运动来呈现的，所以大杯口会使拉花的整个图形更加的舒展和饱满，但过大会使得Crema变薄不利于拉花，所以合适大小的开口是选择杯子的关键，一般直径11厘米左右最佳。

第二，大容积的咖啡杯在拉花方面能更胜一筹。首先，容积大的咖啡杯易于满足杯口大的条件，能更好地让牛奶与咖啡融合；另外，容积大的咖啡杯更能让咖啡师把握住自己的节奏，在注入过程中能更好地控制牛奶的流速。

第三，低矮的杯子比高的杯子会更好出图。因为杯子越高，牛奶注入的重力势能越大，越容易把咖啡表面的Crema给冲散，则不容易做出拉花图案。

 知识点二　咖啡拉花的方式

常见的咖啡拉花的方式有两种：直接倒入成形法、手绘图形法。

1. 直接倒入成形法

此拉花方式为咖啡拉花技巧中最困难的方式。将发泡后（未产生牛奶与奶泡分离）的牛奶直接倒入意式浓缩咖啡（Espresso）之中。在牛奶、奶泡与Espresso融合达到一定的饱和状态后，通过手部的晃动技巧，使牛奶泡利用水纹波动的原理浮置于Espresso的表面上，形成拉花图形。使用各种不同的晃动控制技巧可形成各式各样的图形，其图形又分为两大类，第一类为各种心形与叶子形状线条的组合图形，第二类为具象的动植物线条图形（图2-2-3）。

图2-2-3　直接倒入成形法

2.手绘图形法

此拉花方式比直接倒入成形法简单。在已经完成Espresso与牛奶、奶泡融合的咖啡上，利用融合时产生的白色圆点或不规则图形，使用雕花棒，蘸用可可粉或巧克力等酱料，在咖啡表面勾画出各种图形。其图形大部分可分为两种：

一种为规则的几何图形，多是使用各种颜色的酱料在完成融合的咖啡表面上，先画出基本的线条，再利用雕花棒勾画出各种规则的几何图形。

另一种为具象的图案（人像、猫、狗、熊猫等动物图形），大部分都是先在Espresso表面撒上可可粉，再倒入牛奶、奶泡融合，并在融合时轻微晃动手腕，使咖啡的表面上形成图形状波纹图形，再以圆形状波纹图形为底，利用雕花棒蘸取可可粉或巧克力等酱料，在其咖啡表面勾画出各种具象图形（图2-2-4）。

图2-2-4　手绘图形法

M2-2 直接
倒入成形法

知识点三　咖啡拉花的制作方法

1. 咖啡拉花直接倒入成形法——郁金香花形制作步骤

（1）将牛奶奶泡打圈注入咖啡液中（如图2-2-5所示）；

（2）找到杯子中间点，靠近杯子将流量加到最大，直至咖啡表面出现白球即可停止注入（如图2-2-6所示）；

图2-2-5

图2-2-6

（3）第二次注入点要靠后一些，注入时大流量注入，出现白球即可停止注入（如图2-2-7所示）；

（4）重复第（3）步几次即可做出郁金香（如图2-2-8所示）；

图2-2-7

图2-2-8

（5）最后一个球出现后马上变小流量，用一条细直线收尾（如图2-2-9所示）；

（6）郁金香花形拉花完成（如图2-2-10所示）。

图 2-2-9

图 2-2-10

2.咖啡拉花直接倒入成形法——树叶形制作步骤

（1）将制作后的牛奶倒入装有 Espresso 的杯子中，注意刚开始不要让奶泡浮在咖啡表面，杯子向拉花缸方向倾斜，注入时从中心点靠后一些的地方注入（如图 2-2-11 所示）；

（2）当咖啡表面开始有泛白现象时，加大倒入牛奶的量，同时摇动拉花缸会出现纹理，此时不要慌张，继续保持摇晃和加大的流量，慢慢向后退（如图 2-2-12 所示）；

图 2-2-11

图 2-2-12

（3）退到杯子边缘后提起拉花缸，变为小流量倒入牛奶，然后向前收出一条直线即可，收到叶子起始的地方就停止倒入牛奶（如图 2-2-13 所示）；

（4）树叶形拉花完成（如图 2-2-14 所示）。

图 2-2-13

图 2-2-14

知识点四　咖啡拉花技巧

在咖啡拉花的操作过程中有许多因素会影响最终的拉花成品，所以在操作过程中也会存在一些操作技巧。

（1）确保奶泡是细腻而绵密的，同时一定要将奶泡和牛奶充分混合。

（2）外扩张式的蒸汽管在打发牛奶时，不可以太靠近钢杯边缘，才不会容易产生乱流现象；集中式的蒸汽管，在角度上的控制就要更加注意，以获得良好的牛奶泡组织。

（3）选取蒸汽量较小的蒸汽管，虽打发时间较长，但会使奶泡打发的整体过程更加易于掌控；蒸汽量大的蒸汽管比较适用于较大的钢杯，容易产生较粗的奶泡。

（4）倒入牛奶时，将拉花缸提高，让牛奶的流速呈细长而缓慢的方式注入。这样做的目的是压住白色泡沫，不让其上翻，使牛奶和咖啡充分融合。

（5）当牛奶注入咖啡杯达到一半的高度时，将拉花缸的高度降下，同时改变注入牛奶的方式，牛奶流速快而粗，可防止白色奶泡上翻，便于拉花。当看到白色奶泡浮出时，左右摇晃，杯子中会开始呈现出白色的"之"字形奶泡痕迹。

（6）多练习，边做边分析问题，量变才能质变。

制作一杯大白心咖啡拉花，通过多次练习总结并提炼大白心拉花的操作方法。

（1）准备好任务所需的原料及器具：咖啡杯、拉花缸、意式浓缩咖啡、奶泡等；

（2）咖啡杯45°角倾斜，以咖啡液面的中心点为落脚处；

（3）开始出图时，将拉花缸贴近液面将奶泡往前推，奶泡会在液面形成泛白的半圆形；

（4）随后逐渐加大流量，使图形逐渐扩大，使图形饱满均匀；

（5）在流量加大的同时，逐渐回杯，拉花缸的位置依旧不变；

（6）直到快要满杯的状态，逐渐减少流量进行拉高向前收尾；

（7）大白心咖啡拉花制作完成，品尝并总结。

 任务拓展

世界拉花艺术大赛

世界拉花艺术大赛（World Latte Art Championship，WLAC）是由世界咖啡与活动先驱WCE（World Coffee Events）基于推广精品咖啡以及基于精品咖啡发起的专业咖啡大赛，是世界咖啡比赛的第二大赛事，是咖啡拉花艺术的最高级别专业赛事。每年举办一次，在各个国家进行分区赛角逐出一名冠军，再进行最后的总决赛角逐出世界冠军。

比赛共有两轮：初赛和决赛，初赛分两部分。

第一部分是艺术吧台：参赛者有5分钟的准备时间和10分钟的比赛时间。参赛者要在10分钟的时间内完成自己设计的作品供摄影师拍摄。摄影师将会以一个标准的格式为所有参赛者作品拍照。评委会根据照片来评分。

第二部分是操作台：参赛者完成两杯相同的常规拿铁和两杯相同的设计拿铁。每位参赛者有5分钟准备时间和6分钟的比赛时间。参赛者会首先提供事先制作好的参赛作品图片给评委。评委会以此来作为评分的参考。评分的项目包括：两组图案和相应的图片一致性、对比度、和谐大小和花式在杯中的位置、图案的创意（指初赛）、难度分、奶泡的视觉效果、整体视觉效果、专业表现（对客服务技巧、自信、才华），还有一些技术类型分数最终结合在一起。

初赛得分（艺术吧台加操作吧台）最高的六位参赛者将会进入决赛，决赛整个过程都在操作台上完成。决赛中，参赛者每人需完成六杯饮品：两杯相同的拉花玛奇朵、两杯相同的常规拿铁和两杯相同的设计拿铁。评分的标准也是和初赛操作台一样的。

 知识链接

咖啡豆的种植国家及种植和采收方式

一、哪些国家和地区出产咖啡

咖啡生产地大部分分布在赤道南北回归线之间，赤道以北25°及赤道以南30°。目前咖啡的主要生产国有70多个国家，主要以中南美洲、非洲、亚洲为主，其中中南美洲的产量占70%。

1. 南美洲地区咖啡

南美洲地区咖啡有可可味和坚果味，酸度低、醇度高。此产地的咖啡豆味

道生动而温和，精致口味使它受到好评。

（1）巴西 巴西为世界上最大的咖啡豆产业国，总产量世界第一，约占全球总产量1/3，且主要集中于巴西中部及南部。

巴西咖啡豆豆性属中性，口味温和而滑润、酸度低、醇度适中、有淡淡的甜味，可单品来品尝。正是因此，巴西咖啡豆适合用最大众的手法冲泡，也是制作意大利浓缩咖啡和各种花式咖啡的最好原料。

（2）哥伦比亚 哥伦比亚为世界第二大咖啡豆输出国，其咖啡树多种植于纵贯南北的三座山脉中，仅有阿拉比卡种，产量排名虽低于巴西，不过咖啡豆品质优良，其风味则较巴西豆更为甘醇、香味丰富而独特、酸中带甘、适中的苦味，无论单饮或混合拼豆饮用都非常适宜。

（3）秘鲁 秘鲁为南美洲主要咖啡豆生产国之一，且咖啡是秘鲁的第一大出口的农产品。

秘鲁咖啡豆有圆润的外形、醇度适中、不稠不淡、酸度适中，另略带核果的味道。目前有越来越多的人喜爱上秘鲁咖啡。

（4）哥斯达黎加 因哥斯达黎加特殊的火山地质、高海拔的生长地势、温度较低的生长环境，导致此地的咖啡树生长较慢，出产的咖啡豆有着岁月沉淀的味道，咖啡豆气味均衡、清亮，以其浓郁的浆果味和丰富的水果酸著名。

在哥斯达黎加种植的都是阿拉比卡种的咖啡树，经由改良咖啡豆的质量更好、更稳定。哥斯达黎加咖啡颗粒饱满、酸度理想、香味独特浓烈。优质的哥斯达黎加咖啡被称为"特硬豆"，此种咖啡可以在海拔1500米以上生长。颗粒饱满、酸度理想，香味独特浓烈。

（5）危地马拉 危地马拉山脉绵延甚长，地区性气候差异很大，因此造就了七大咖啡豆产区各有不同的风味及特色。其中以安提瓜这个产区的咖啡豆拥有均衡爽口的果酸、浓郁的香料味、带有上等的酸味与丝滑甜味，略带火山的炭烧味更使得危地马拉的咖啡豆闻名于世界。

（6）萨尔瓦多 萨尔瓦多的地势属于高地地形，因为境内有两座平行的高山，火山土壤里有着丰富的矿物质，这种特别的地理环境使得萨尔瓦多具备适合栽种咖啡树的条件。

萨尔瓦多的咖啡树为阿拉比卡种，主要有波旁（Bourbon）、帕卡斯（Pacas）两个种别。其咖啡有体轻、芳香、纯正、略酸、口味清爽的特色。

2.非洲地区咖啡

非洲地区咖啡有柑橘味和花香味咖啡豆，酸度偏高、醇度偏低。这里是咖啡豆最早的原产地，这些地区出产的咖啡豆味道具有引人入胜的风味。

（1）埃塞俄比亚　咖啡树原产于非洲埃塞俄比亚西南部的高原地区，它原先是这里的野生植物，"咖啡"这个名字源于埃塞俄比亚的小镇——"咖发"（Kaffa）。事实上，埃塞俄比亚许多咖啡树现在仍是野生植物，这里咖啡树上生长的咖啡果实颗粒饱满，略带酒香。

埃塞俄比亚是重要的咖啡生产国，在埃塞俄比亚可找到各种咖啡树栽培方式，从成片的野生咖啡树林和半开发土地到传统经营的小块土地，直至现代种植园应有尽有，大约50%的咖啡树种植在海拔1500多米的地方。

（2）肯尼亚　肯尼亚的咖啡树大多生长在海拔1500～2100米的地方，一年中收获两次。为确保只有成熟的浆果被采摘，人们必须在林间巡回检查。肯尼亚咖啡树由小耕农种植，他们收获咖啡豆后，先把鲜咖啡豆送到合作清洗站，由清洗站将洗过晒干的咖啡以"羊皮纸咖啡豆"的状态送到合作社（"羊皮纸咖啡豆"是咖啡豆去皮前的最后状态）。

肯尼亚咖啡豆的特色是带有明显的水果香和果酸，浓郁的口感中还有一点点酒香。肯尼亚咖啡树多栽种于西南部及东部的高原区，品种都是阿拉比卡种，且都是水洗咖啡豆，常见的有波旁（Bourbon）、提比加/铁皮卡（Typica）、肯特（Kents）、卢里11（Riuri 11）等四个品种。

3.亚洲地区咖啡

亚洲地区咖啡有泥土芳香味和香料味，酸度、醇度适中。这里出产的咖啡历史悠久、充满大地气息，是极受欢迎的咖啡豆品种。

（1）中国　中国的咖啡树种植主要在云南、海南等地区，由于得天独厚的地理环境和气候条件，形成了浓而不苦，香而不烈，带一点果味的独特风味。

（2）印度　印度咖啡豆生产量高居世界前几名，且兼具罗布斯塔（Robusta）及阿拉比卡（Arabica）两种，也是同时存在水洗法、日晒法处理手法的国家之一。

印度咖啡树栽种的区域主要在印度南部的西高止山到阿拉伯海间的区域，季风马拉巴是印度颇有特色的一种咖啡豆，这种咖啡豆当年因为由马拉巴海岸运出口到欧洲，因船行驶时咖啡生豆长时间受到海风吹袭，使得颜色（金黄色）和口感均有所改变，变成欧洲人习惯且喜欢的口味。

二、咖啡豆的种植

目前种植咖啡豆的国家地区多达70多个，非洲、中南美洲、亚洲均为咖啡豆的主要种植产区，其中中南美洲的产量占70%。

咖啡豆的种植受气候、光照量、湿度、土壤等条件的影响。气候是咖啡豆种植的决定性因素，咖啡树适合生长地区介于热带与亚热带之间，大致为南北纬25°之间的地带。赤道两旁的地区之所以会成为生产咖啡的地区，是因为充足的日照和雨水提供了咖啡树生长所需的最基本条件：年平均气温在15～28℃之间，15～24℃是最佳的种植温度。即使是最冷的月份，气温也不低于12℃；无灌溉地区的自然降雨量能达到1000～2000毫米/年，并且各月降雨量比较平衡，全年的风力也不会太大；最重要的是，这些地区通常无霜降，因为降霜会破坏叶绿素，或是造成花朵干枯，不结果，对咖啡树造成致命的伤害。咖啡树适当的光照量是一年1900～2200小时不等。依据各地气候不同，2200～2400小时也算是恰当的光照量。最适当种植咖啡的湿度在60%～75%之间，不同品种湿度不同，风速不可以太强，干湿两季最好分明。如果大气湿度达到80%以上，对于咖啡风味就会有一定的影响，咖啡叶也极容易因为发霉滋生孢子。咖啡树的根系需要高氧量，所以种植咖啡的土壤应具备：土质疏松透气性较佳，表土层在2米以上的肥沃土壤，有一定的坡度，保证有一定的排存水量。此外，土壤性质要偏酸，pH值在5.5～6.5之间最理想。几个世纪的咖啡豆种植证明，含有火山灰质的土壤对咖啡豆的生长非常有益。世界最重要的咖啡豆产地都处于地球板块活动频繁的地带，在这些地方，火山是十分普遍的。

咖啡豆的种植周期较长。咖啡豆从制作苗床到转化为商品性咖啡果实的自然时间相当长。在制作出咖啡苗床后7～12个月进行移植，全新的咖啡树苗3年才开始开花结果，但此时的咖啡果风味差并不适合人们饮用，再过2～3年咖啡树成年，此时的咖啡果实优良的风味逐年递增，可以当成商品进行售卖。在之后的14～18年为一棵咖啡树风味与产量最佳的时限，之后咖啡树将进入老龄化期，此时咖啡树所出产的风味与产量会逐年下降，需要砍伐重新种植。一棵成年的咖啡树，从开花结果到成熟采收，会耗时12个月。咖啡花从盛开到凋零的花期一般为7天之内，凋零之后开始结果。咖啡果一开始是黑绿色，成熟后逐渐变为黄金色。再过6～7个月，转变成为深红色，成熟的咖啡果就长成了。

三、采收方式

根据品种不同，种植的咖啡树一般需要3～4年会长出咖啡果实，这种果实叫作咖啡鲜果，也叫咖啡樱桃，当果实成熟的时候会呈现明亮的红色，这时候就可以采摘了。一般产地每年会有一次产季，但在一些国家，比如哥伦比亚，每年会有两次开花，因此会有一次主要采摘季和第二次采摘季。

在很多国家,是通过人工手摘的,那就对劳动力要求很大,有些国家像巴西,因为地势相对比较平坦,大部分咖啡豆是采用机器采收的。

采摘时主要是两种方法:

整枝采摘:无论是通过手摘还是机器,所有咖啡鲜果都是直接从枝条上一次采摘。

选择采摘:采摘时只选择成熟的果实,一般都是通过人工手摘实现。采摘者每隔8～10天采摘成熟的果实,因为这种方法劳动力要求大,成本偏高,因此主要适用于采摘精品阿拉比卡咖啡。

中国顶级咖啡师——吴亚莲

磨豆、萃取、打奶泡、拉花,1分钟不到,一杯有着心形的卡布奇诺出现在眼前。这不是炫技,而是习惯,整整4年时间、每天10个小时的工作量下养成的习惯。这种习惯把90后的吴亚莲推上了世界咖啡师大赛中国区总冠军的宝座,也让她成为中国区史上最年轻的咖啡师女冠军。

"打杂"成冠军

作为历届比赛中国区冠军中唯一的福建籍选手,同时又是年龄最小的冠军,吴亚莲头上顶着不少光环,可按她的说法,自己就是厦门鼓浪屿上一家咖啡馆里的一个"打杂的"。

问及比赛获奖的窍门,吴亚莲只说,比赛时并不紧张,把评委当成客人。除了一颗平常心,还有关键的一点是老板没有给她任何压力。此外,这与吴亚莲平时在一线每天10个小时的工作的经验和高效率也分不开。

咖啡就像果汁

"咖啡其实是一种水果。"来自茶乡安溪的吴亚莲似乎有着天生敏锐的味蕾,"对咖啡了解少的人觉得咖啡是苦的,但是我喝久了就喝不出苦味,觉得咖啡就像果汁一样,味道是酸甜的。"

吴亚莲认为现在咖啡行业在中国还不是很成熟,需要时间的累积。"咖啡其实没有那么神秘,只是需要长时间的接触,一点点累积,是一辈子都学不完的东西。"

思考:通过阅读材料,你认为吴亚莲是怎样获得世界咖啡师大赛中国区总冠军的?结合本文中的案例,从精益求精、创新等方面谈谈你眼中的工匠精神。

岗位实训

使用多种咖啡拉花方式完成一杯咖啡拉花,去找寻适合自己的咖啡拉花操作技巧,同时保证咖啡拉花的一次性成功。

自我评价

通过学习本任务:_____。

我学到了_____
_____。

其中我最感兴趣的是_____
_____。

我掌握比较好的是_____
_____。

对我来说难点是_____
_____。

我将通过以下方法来克服困难,解决难点:_____
_____
_____
_____。

模块三

菜单咖啡制作

菜单咖啡制作指的是咖啡厅菜单上的常见咖啡的制作,包括意式浓缩咖啡(模块一已详细介绍)、美式咖啡、拿铁咖啡、馥芮白咖啡、卡布奇诺咖啡的制作等。不同的菜单咖啡的由来不同,所代表的内涵不同,所以制作器具和物料的选择,以及制作方法和口感上都存在不同之处。

任务一　制作美式咖啡

学习目标

● **知识目标**
1. 了解美式咖啡的由来；
2. 掌握美式咖啡的定义及分类；
3. 熟知美式咖啡的制作步骤。

● **能力目标**
1. 熟练掌握美式咖啡制作过程中所使用设备的操作方法以及注意事项；
2. 能够使用恰当的原料及配比熟练制作美式咖啡。

● **素质目标**
1. 通过了解美式咖啡的由来及定义等背景知识，开阔视野；
2. 培养精益求精、敬业爱岗的工匠精神，能在工作环境中展现咖啡师职业精神和职业规范，具有民族自信和民族自豪感。

任务描述

掌握美式咖啡的定义、由来及特点等知识以及美式咖啡制作的技能。

任务要求

1. 上课当日饮食宜清淡，忌重油重辣，准备好一次性勺子、纸巾；
2. 准备好咖啡机、磨豆机、咖啡豆、盎司杯等器具，用于萃取意式浓缩咖啡演示；
3. 在教师引导下共同分析研磨度、压粉力度和萃取之间的风味关系；
4. 进行实践操作，完成一杯意式浓缩咖啡的萃取。

知识点一　什么是美式咖啡

1. 美式咖啡的由来

美式咖啡诞生在第二次世界大战之后，当时美国人在结束欧洲战事后，有许多军队来到了南欧，他们喝不了意式浓缩咖啡（Espresso），就用温开水进行稀释，所以人们给他们起名叫美式咖啡。美国人对咖啡的制备一般都比较随意且简单，这种方法很快随着美国连锁店在世界上的普及而流行开。后来，美式咖啡几乎成为了所有黑咖啡的总称，滴滤、法压等器具做出来的黑咖啡都可以叫作美式咖啡。本任务介绍的美式咖啡特指Espresso为基底所制作的美式咖啡。

2. 美式咖啡的定义

美式咖啡属于黑咖啡的一种，使用滴滤式咖啡壶所制作出的黑咖啡，或者是意式浓缩咖啡中兑入一定比例的水制成，没有牛奶的影响，最能体现咖啡豆本身味道的咖啡。

3. 美式咖啡的特点

美式咖啡的冷热选择不同，体验不同，具体展现的特点如下：

外观：冰美式咖啡颜色较浅，热美式咖啡颜色浅淡明澈，几近透明，甚至可以看见杯底的褐色咖啡。

味道：冰美式咖啡味道不是特别浓，烘焙的烟熏味较重，酸味轻；热美式咖啡在烘焙时会释放出单宁酸，与焦糖结合，产生略带苦味的甜味。在口感上，冰美式咖啡最直观的感觉是降燥、增厚、收敛，感官更敏锐、更容易识别；热美式咖啡一般会有苦、酸、甜、香、涩几种味感。美式咖啡具有一定的辅助减肥效果。

知识点二　器具与原料

1. 器具

（1）咖啡机（图3-1-1）；

（2）磨豆机（图3-1-2）；

（3）奶缸（图3-1-3）；

（4）粉碗（图3-1-4）；

（5）压粉器（图3-1-5）；

（6）咖啡杯（图3-1-6）。

图3-1-1 咖啡机

图3-1-2 磨豆机

图3-1-3 奶缸

图3-1-4 粉碗

图3-1-5 压粉器

图3-1-6 咖啡杯

2.原料

(1) 咖啡豆适量;

(2) 热水适量。

知识点三 做法

第一步：研磨。取适量咖啡豆，用磨豆机将其研磨成粉状（如图3-1-7所示）。

第二步：按照布粉、压粉、萃取的标准意式浓缩咖啡操作流程，用咖啡机萃取出意式浓缩咖啡（Espresso），液量约为咖啡粉的2倍量（如图3-1-8所示）。

图3-1-7　研磨　　　　　　　　图3-1-8　萃取意式浓缩咖啡

第三步：加水。加热水至满杯（如图3-1-9所示）。

第四步：调味出品。结合口味，可配以奶球和糖包出品（如图3-1-10所示）。

图3-1-9　加水　　　　　　　　图3-1-10　调味出品

用14克咖啡豆、适量热水制作一杯美式咖啡。

(1)将所需要的器具及原料洗净,备好,待用。

(2)咖啡豆投入磨豆机中,调节好研磨度后开启研磨开关,咖啡豆被快速磨成粉末。

(3)用亚麻布把粉碗擦干净后放入14克研磨好的咖啡粉,然后装入粉碗,进行布粉、压粉,按下萃取按钮,萃取出单份Espresso。萃取时注意将萃取口尽量贴住咖啡杯壁,这样能使Espresso的油脂形成得更加完备。萃取时间根据填压实际情况来看,一般为20～25秒。萃取的量一般为咖啡粉的2倍量,此处约为30克。

(4)在咖啡杯中加入适量热水至满杯。

(5)分享各自完成的作品,品尝不同的口味,总结美式咖啡的操作要点。

美式咖啡的配比与区别

美式咖啡的配比受浓度的直接影响。美式咖啡的浓度在1.15%～1.25%之间都很常见。浓度太低,喝起来寡淡如水,浓度太高,美式咖啡的受众群体未必觉得好喝。一杯合格的浓缩咖啡,浓度会是在9%～11%之间;一杯合适的美式咖啡,浓度会是在1.15%～1.25%之间;它们中间差了几倍的浓度,就加上几倍的水。

美式咖啡的口味喜好因人而异,因此,标准并不能满足所有人。兑水的比例取决于咖啡豆的风味,例如,一些以焦糖、坚果、可可等风味为主的经典意式拼配豆,因为浓缩咖啡的表现会偏苦偏浓,会采取比较大的比例,例如会用到1∶7至1∶8。而像烘焙没那么深的浓缩咖啡,其风味表现不再是单纯的苦,还有果酸、甜感,比例会在1∶5左右。因此,决定要兑多少水主要还是看咖啡的最终风味表现。

除了浓度上的区别,美式咖啡也会因器具不同而异。一般来说,有意式咖啡机的店里制作美式咖啡,是在意式浓缩咖啡(Espresso)里面加水,没有意式咖啡机的店里售卖的美式咖啡,常常使用美式滴滤机制作。器具不同,使得两种咖啡虽然都叫作美式咖啡,但也存在以下几点区别:

● 美式滴滤机制作出的咖啡,一次制作一壶,客人需要时就倒出一杯。没有饮用完的咖啡通常会被保温,再提供给后来的客人;Espresso加水制作美式咖啡时是现点、现萃、现加水。

- 美式滴滤机制作的咖啡没有油脂层（Crema），而Espresso加水制作的美式咖啡有油脂层（Crema）。
- 使用金属滤网的美式滴滤机制作出的咖啡会带有咖啡渣；使用滤纸的美式滴滤机制作出的咖啡清澈无渣。而Espresso加水制作的美式通常都会有少许咖啡渣，因为萃取Espresso所做的粉碗是带有孔洞的金属，细粉会在萃取过程中被带出。

咖啡豆的种类

目前全世界已知咖啡树的种类有数十种，但主要有三大原生种——阿拉比卡、罗布斯塔以及利比里卡。因为品质与产量的因素，又以前两种最常见，其各自又可再细分为更多的品种分支。

1. 咖啡豆的三大原种

阿拉比卡　　罗布斯塔　　利比里卡

阿拉比卡（Arabica）：又称阿拉伯品种，因其原产自阿拉伯半岛而得名，其咖啡因含量为1%～1.7%，只有罗布斯塔种的一半，因此也较为健康。其分支包括第皮卡、波旁、牙买加蓝山等。阿拉比卡种多生长在海拔900～2000米高度之间；较耐寒，适宜的生长温度为15～24℃；需较大的湿度，年降雨量不少于1500毫升；同时对栽培技术和条件也要求较高，不过由于其生长速度快、品质细腻、风味浓醇等特点，一直是世界产销量最大的品种，约占全世界产量的70%。

阿拉比卡种咖啡最大的产地是南美地区。巴西、哥伦比亚、牙买加是全世界最主要的咖啡产地，所出产的品种就是阿拉比卡种。另外在埃塞俄比亚、坦桑尼亚、安哥拉、肯尼亚、巴布亚新几内亚、夏威夷、菲律宾、印度、印度尼西亚等地也有大面积种植。

罗布斯塔（Robusta）：原产地为非洲刚果，有较强的苦味，香味差，无酸味，其风味比阿拉比卡种来得苦涩，品质上也逊色许多，再加上价格低廉，所以大多用来制造速溶咖啡或拼配咖啡。罗布斯塔种的咖啡因含量为2%～4.5%，约为阿拉比卡种咖啡的一倍。罗布斯塔种多种植在海拔200～600米的低地，喜欢温暖的气候，温度以24～29℃为宜，对降雨量的要求并不高，但是该品种要靠昆虫或风力传授花粉，所以，咖啡从授粉到结果要9～11个月时间，相对阿拉比卡种要长。

罗布斯塔种主要种植于东南亚地区、非洲中西部地区以及巴西地区，目前产量约占世界总产量的1/3。由于该品种对环境适应力强，不易受病虫害侵袭，易于管理，价格低廉，因此产量有逐年增长的趋势。

利比里卡（Liberica）：产地是非洲的利比里亚，它的栽培历史比其他两种咖啡树短，所以栽种的地方仅限于利比里亚、苏里南、圭亚那等少数几个地方，因此产量占全世界产量不到5%。利比里卡种咖啡适合种植低地，所产的咖啡豆具有极浓的香味及苦味，但整体品质较前两种咖啡都逊色不少。

2.咖啡豆的变种

咖啡豆的品种可能已经成百上千，但是大多数的杂交或者自然变种还是来自阿拉比卡的铁皮卡（Typica）和波旁（Bourbon），常见的咖啡豆有：

Typica是现存大多数咖啡品种的起源。它的种子比它的旁系Bourbon长一些，它是现代咖啡的鼻祖。它的单树产量低但是产出的咖啡品质极高，通常出产于中美洲、牙买加、印度尼西亚。风味通常有一些甜酸或果酸，类似苹果和梨。

Bourbon的播种面积比Typica多20%～30%。它的咖啡果实为类圆锥形，而且成熟很快。它的名字来源于法国，可能是因为法国人将它种植于一个名叫Bourbon的小岛。现在多种植于巴西和中美洲，果味和明亮的酸味更接近于红葡萄酒。

卡杜拉（Caturra）是Bourbon的自然变种，它被发现于巴西的一个名叫Caturra的小镇。由于它的树较矮并且比起其他咖啡品种更抗病抗虫，所以其种植面积比Bourbon更广。Caturra通常种植于哥伦比亚，有着独特的柠檬、青柠清香和酸味。

新世界（Mundo Novo）是Bourbon和Typica的自然变种，单树产量高、抗病力强使得它很受咖啡农欢迎，尤其在巴西，它的产量占到了阿拉比卡总产量的40%。不过也正因为每棵咖啡树产的咖啡果较多，使得它的风味不那么甜。

瑰夏（Gesha）有时会被误写作Geisha，它的发源地是位于埃塞俄比亚南面的叫作Gesha的小城。它有可能是由一片广阔的Typica变种而来，它的咖啡豆很长且单树产量低。由于出品的咖啡风味非常独特所以在咖啡业界被高度追捧，通常有较浓的茉莉花和香草风味。

象豆（Maragogype）是Typica的自然变种，在巴西被发现。它会结出大尺寸的咖啡豆，种植面积比Typica和Bourbon都要小。很难发现有可以类比的食物味道，不过通常能做出可口的和酸度较高的好咖啡。

卡杜艾（Catuai）是Mundo Novo和Caturra的交叉品种，产量高。它的咖啡果实不容易从咖啡树上掉落，使得它能够被种植于大风大雨的地区。能做出甜度较高的咖啡，不仅如此，保存期也比其他品种要长。

SL28，SL是斯科特实验室的缩写（Scott Labs），他们在19世纪30年代受雇于肯尼亚政府研究出抗病能力强、单树产量高的咖啡树。结果在提高咖啡产量方面并没有成功，但是却意外获得了风味绝佳的咖啡品种SL28和SL34。它们都是Bourbon和原生种（Heirloom）的杂交品种，是肩负肯尼亚咖啡地位的明星。

圆豆（Peaberry）是一种比较特殊的咖啡豆，普通情况下一粒咖啡果中会有两颗咖啡的种子，也就是我们所需要的咖啡豆，但是在极少数情况下，某粒咖啡果中只结出了一颗咖啡豆，这就是所谓的Peaberry。对于它的风味，有人觉得没什么两样，有人觉得更加浓郁，可能跟它本身密度比普通的豆子大有关系。

思考与感悟

美式咖啡的品鉴

美式咖啡虽然颜色浅淡透明，但是却别有一番滋味，需要细细品鉴。一杯美式咖啡端到面前，先不要急于喝，应该像品茶或品酒那样，有个循序渐进的过程，以达到放松、提神和享受的目的。

第一步，闻香，感受美式咖啡那扑鼻而来的浓香；

第二步，观色，好的美式咖啡呈现深棕色，而不是一片漆黑，深不见底；

第三步，品尝，先慢慢喝下一口，感受一下原味咖啡的滋味，美式咖啡入口应该是有些甘味、微苦、微酸不涩。然后再小口品尝，不要急于将咖啡一口咽下，应暂时含在口中，让咖啡和唾液与空气稍作混合，然后再咽下。

另外，美国虽是最大的即溶咖啡外销国家，但喝即溶咖啡的人却不多。近年来他们日益重视饮食健康，市场上无咖啡因咖啡的销路渐增，而喝咖啡不加糖的风气也越来越普遍。

思考：美式咖啡看似简单，却具有丰富的内涵，需要用心观察与体会。日常学习与生活中，你认为应该如何将简单事情做到极致，同时去感悟它们丰富的内涵呢？

岗位实训

取适量咖啡豆与热水制作一杯美式咖啡，去找寻适合自己的美式咖啡的最佳风味。

自我评价

通过学习本任务：_____。

我学到了_____
_____。

其中我最感兴趣的是_____
_____。

我掌握比较好的是_____
_____。

对我来说难点是_____
_____。

我将通过以下方法来克服困难，解决难点：_____
_____
_____
_____
_____。

任务二　制作拿铁咖啡

学习目标

● 知识目标

1. 了解拿铁咖啡的由来；
2. 掌握拿铁咖啡的定义及分类；
3. 熟知常见拿铁咖啡的制作步骤。

● 能力目标

1. 熟练掌握拿铁咖啡制作过程中所使用设备的操作方法以及注意事项；
2. 能够使用恰当的原料及配比熟练制作几种常见拿铁咖啡。

● 素质目标

1. 培养热爱咖啡的情怀，践行咖啡师精益求精的工匠精神，勇于创新，获得精湛的咖啡制作技能的核心素养；
2. 提升咖啡审美素养、人文素养，陶冶情操、温润心灵、激发创造创新活力，增强文化自信。

任务描述

掌握拿铁咖啡的由来、定义及分类等知识，能够理解拿铁咖啡的制作原理与工艺，并将内化的理论熟练运用到拿铁咖啡的实操制作技能中。

任务要求

1. 上课当日饮食宜清淡，忌重油重辣，准备好一次性勺子、纸巾；
2. 准备好咖啡机、磨豆机、咖啡豆、全脂纯牛奶等器具与原料，用于拿铁制作演示；
3. 在教师引导下共同分析研磨度、压粉力度和萃取之间的风味关系；
4. 进行实践操作，完成一杯拿铁咖啡的制作。

知识点一　什么是拿铁咖啡

1.拿铁咖啡的由来

拿铁咖啡最初是由维也纳人柯奇斯基把牛奶加入咖啡中而产生的，柯奇斯基也是在维也纳开出第一家咖啡馆的人。

1683年土耳其大军第二次进攻维也纳。当时的维也纳皇帝奥博德一世与波兰国王奥古斯都二世订有攻守同盟，波兰人只要得知消息，增援大军就会迅速赶到。因此，突破土耳其人的重围去给波兰人送信成为解决问题的关键。这时，曾经在土耳其游历的维也纳人柯奇斯基自告奋勇，以流利的土耳其话骗过驻守的土耳其军队，跨越多瑙河，搬来了波兰军队。任奥斯曼帝国军队再骁勇善战，也敌不过波兰大军和维也纳大军的夹击，最终仓皇退却。离开时在城外丢下了大批军需物资，其中就有500袋咖啡豆，但是维也纳人不知道这是什么东西，只有当时报信使者柯奇斯基知道这是一种神奇饮料的原料。于是，柯奇斯基请求把这500袋咖啡豆作为他突围求救的奖赏，并利用这些战利品开设了维也纳首家咖啡馆——"蓝瓶子"。开始的时候，咖啡馆的生意并不好，因为人们不喜欢连咖啡渣一起喝下去。另外，他们也不太适应这种浓黑焦苦的饮料。于是聪明的柯奇斯基改变了配方，过滤掉咖啡渣并加入大量牛奶——这就是如今咖啡馆里常见的"拿铁"咖啡的最初来源。

2.拿铁咖啡的定义

"拿铁"是意大利文"Latte"的音译，代表"牛奶"，而拿铁咖啡就是在意式浓缩咖啡中加入等比例甚至更多牛奶的花式咖啡，即"Coffee Latte"，这一叫法直到20世纪80年代，才在意大利境外使用。因此，切不可将"拿铁"与"拿铁咖啡"混为一谈。有了牛奶的温润调味，让原本甘苦的咖啡变得柔滑香甜、甘美浓郁。

3.拿铁咖啡的分类及特点

（1）**拿铁咖啡的分类**　拿铁咖啡并不是意大利的专利，很多国家对其都有自己的理解，例如：

意大利式拿铁咖啡： 意大利式拿铁咖啡（Caffè Latte）需要一小杯Espresso（意式浓缩咖啡）和一杯牛奶（150～200毫升），拿铁咖啡中牛奶多而咖啡少。

美式拿铁咖啡： 如果在热牛奶上再加上一些打成泡沫的冷牛奶，就成了一杯美式拿铁咖啡。以星巴克的美式拿铁制成为例：底部是意大利浓缩咖啡，中间是加热到65～75℃的牛奶，最后是一层不超过半厘米的冷的牛奶泡沫。

欧蕾咖啡： 欧蕾咖啡可以被看成是法式的拿铁咖啡，与美式拿铁和意式拿铁都不相同。这是一杯香滑的法式牛奶咖啡，一半的咖啡冲上一半滚烫的牛奶，厚重的香气瞬间舒展出单纯的温暖。欧蕾咖啡区别于美式拿铁和意式拿铁最大的特点就是它要求牛奶和浓缩咖啡一同注入杯中，牛奶和咖啡在第一时间相遇，最后在液体表面放两勺打成泡沫的奶油，碰撞出的是一种闲适自由的心情。

（2）拿铁咖啡的特点 拿铁咖啡开始喝下去时，可以感受到大量奶泡的香甜和酥软。后面可以品尝到咖啡豆原有的苦涩和浓郁。拿铁咖啡因为含有大量的牛奶，所以适合在早晨饮用。

知识点二　器具与原料

1. 器具

（1）咖啡机；

（2）磨豆机；

（3）奶缸；

（4）粉碗；

（5）压粉器；

（6）咖啡杯。

2. 原料

（1）咖啡豆适量；

（2）全脂纯牛奶适量。

知识点三　做法

第一步： 研磨。将深烘焙的咖啡豆研磨后，将咖啡粉倒进填压器内用压粉器将咖啡压平，再将填压器扣住意式咖啡机萃取口，准备萃取 Espresso（如图 3-2-1 所示）。

第二步： 萃取。按照布粉、压粉、萃取的标准意式浓缩咖啡操作流程，用咖啡机萃取出 Espresso，液量约为咖啡粉的 2 倍量（如图 3-2-2 所示）。

M3-2 制作拿铁咖啡

图3-2-1　研磨

图3-2-2　萃取

第三步：打奶泡。取适量牛奶，将其置于意式浓缩咖啡机的蒸汽喷嘴下，按照打发牛奶、打绵牛奶、擦拭蒸汽管、轻敲或摇晃奶泡的标准奶泡制作流程完成奶泡的打发，制作成牛奶与奶泡混合体；将牛奶和奶泡混合体上下抖动，使奶泡尽可能集中在上方；将合适比例的牛奶和奶泡混合体摇匀，使奶泡与牛奶完全融合（如图3-2-3所示）。

第四步：拉花、出品。将牛奶和奶泡均匀体倒入Espresso中，控制流量进行拉花，这样就完成了一杯意式拿铁咖啡（如图3-2-4所示）。

图3-2-3　打奶泡

图3-2-4　拉花、出品

任务分析

用14克咖啡豆制作一杯浓缩咖啡与牛奶比为1∶3、奶泡高度在1厘米以内的意式原味拿铁咖啡，并完成拉花图案。

任务实施

（1）将所需要的器具及原料洗净，备好，待用。

（2）用亚麻布把冲煮手柄擦干净后放入14克原豆粉碎后装入冲煮粉碗，然后进行布粉、压粉，按下萃取按钮，萃取出Espresso。萃取时注意将萃取口尽量贴住咖啡杯壁，这样能使Espresso的油脂形成得更加完备。萃取时间根据填压实际情况来看，一般为20～25秒。萃取的量为30毫升。

（3）取200毫升牛奶放入意式浓缩咖啡机的蒸汽喷嘴下，定位好蒸汽管，插入牛奶液面以下1厘米处，调整各种角度，使牛奶与空气均匀结合，从而制作出细腻的牛奶与奶泡混合体。温度尽量控制好，超过90℃可能会造成牛奶的沸腾，这样奶泡会全部被破坏掉。

（4）将牛奶与奶泡混合体上下抖动摇匀，保持奶泡在上方，将较粗的奶泡用勺刮掉，较粗的奶泡会破坏口感，对最终的成品咖啡外形也产生影响。奶泡高度控制在1厘米左右。

（5）在意式浓缩咖啡中倒入牛奶和奶泡混合体，进行拉花。左手握住装有浓缩咖啡的咖啡杯，右手握住奶缸的手柄，先将奶缸拿高，再将奶泡缓慢地倒入咖啡液中，注意把握奶泡流量和流速稳定性，使咖啡液和牛奶奶泡充分融合，无气泡产生，再开始拉花。借助手腕处的晃动，让奶缸中的牛奶轻微晃动，在咖啡液的表面拉出以杯心为中心向两侧扩散推送的层层圆弧，当奶泡往外包覆时，再往反方向慢慢移动完成拉花，从而完成一杯意式拿铁咖啡的制作。

（6）分享各自完成的作品，品尝不同的口味，总结意式拿铁咖啡的操作要点。

短笛拿铁

咖啡馆菜单上的"Piccolo Latte"，中文翻译是短笛拿铁，"Piccolo"源自意大利文，意思就是乐器里面的短笛。短笛比典型的拿铁咖啡要浓得多，味道更浓郁，喜欢喝意式咖啡的人都不会错过它。

短笛的名称因为带有"Latte"，会让人把它和"Latte Coffee"（拿铁咖啡）联系在一起，甚至叫它小拿铁，其实两者差别还挺大的。拿铁咖啡的体积要大得多，尽管每个咖啡店都有差异，但标准的拿铁咖啡约为230毫升，相比之下，短笛为85～114毫升。在意大利，拿铁咖啡是三分之一的意式浓缩咖啡加三分之二的鲜奶，短笛拿铁牛奶比例只有拿铁咖啡的一半，如果不想要太多奶，但是又不想只喝意式浓缩，这是不错之选。

制作短笛，确切的配方取决于个人喜好，通常的制作方法是，先萃取20～30毫升的意式浓缩咖啡，将牛奶蒸至60℃左右，使其中有足够的空气以产生一些细微奶泡，但要确保其绵密而柔滑。将40～60毫升的牛奶以稍微高一点的角度倒入浓缩咖啡中，使牛奶与浓缩咖啡充分混合，最后，在顶部放置一小层泡沫。

一杯短笛的温度大约有60℃，适合人体适应温度，入口顺滑，还能带出牛奶的乳糖，不用加糖也有甜味。由于牛奶含量少，因此短笛的咖啡浓度更高，突出了咖啡豆的原味，油脂质感会很强烈，呈现一种如丝绸般柔滑的口感余韵。

咖啡豆的加工与等级划分

一、咖啡豆的加工

咖啡豆有四种常见的处理方法：日晒法、水洗法、湿刨法、蜜处理法。

1.咖啡豆日晒法

日晒法是采取红色的咖啡豆果实直接晒干再强制去皮脱壳。

2.咖啡豆水洗法

即将收成的果实放入流动的水槽，除去浮在水面的果实之后，以果肉去除机剥除外皮和果肉。再放入水槽，将浮出的果肉去除。之后，移入发酵槽，浸泡半天至一天，再将发酵的咖啡豆表面上的胶质溶掉。再以水洗过后，晒干数日后以机器干燥之，最后用脱壳机将内果皮去除，即成为可作为商品的生咖啡豆。

3.咖啡豆湿刨法

果实转红就摘下，但不丢进发酵池，改用机器除去果皮，再把浆果铺晒在地上，干燥后再润湿，并以特殊机器磨掉干果肉，取出种子。印尼的曼特宁大部分采用半水洗法。巴西近几年也使用湿刨法，它是全球唯一兼具日晒、水洗及半水洗这三种处理法的咖啡生产国。

4.咖啡豆蜜处理法

蜜处理指带着黏膜进行日晒干燥的生豆制成过程。

二、咖啡豆的等级划分

咖啡豆在处理到出口之前，各生产国会根据一些重点来区分等级，常见的分级方式有：按瑕疵豆的比例；按豆目大小；按海拔高度与硬度；按杯测品质。

1. 按瑕疵豆比例分

这是最早的咖啡豆的分级方法,巴西的许多地区仍在使用。鉴定的方法是随机抽取300克的样本,找出样本内的瑕疵豆,并按瑕疵的种类,累积不同的分数。鉴定完成后,巴西豆依照累积的缺点分数评定级为Gr2～Gr8,但没有Gr1。

2. 按咖啡豆大小分

按咖啡豆大小分级,采用筛网分级的方式,咖啡豆通过打了孔的铁盘筛网决定豆子的大小从而确定等级。筛网的孔大小单位是1/64英寸(不到0.4毫米)(1英寸＝2.54厘米),所以几号筛网就表示有几个1/64英寸,比如17号筛网大小就是17/64英寸,大约为6.75毫米,所以筛网的数字越大表示咖啡豆的颗粒越大。

3. 按海拔和硬度分

这样的分级标准主要是因为高海拔生产的咖啡品质一般会比低海拔生产的高一些,因为海拔高、温度低,咖啡生产缓慢,有利于美好物质的积累。并且成熟度高的生豆在烘焙时膨胀性好,有利于烘焙,品质也更稳定些。

4. 按杯测品质分

巴西虽然是世界最大咖啡生产国之一,但在中南美洲各咖啡生产国中,巴西的生产海拔算是偏低的,而且地貌平坦,少遮阴树,缺乏微型气候,因此生产出来的咖啡豆偏软,俗称软豆,口感较其他产区来说,较为平顺。

拿铁咖啡文化与生活艺术

一杯地道的拿铁咖啡,配制的比例是牛奶占70%、奶泡占20%、咖啡占10%,当然,具体的配比并没有严格的要求,因人而异。虽然咖啡的成分最少,但却决定了它叫作咖啡。很多人都喜欢喝拿铁咖啡,他们的性格似乎与拿铁咖啡有几分相像。有人说,拿铁性格代表了一种时尚。具有拿铁性格的人并不追求别人的赏识和刻意。他们比较随意,是那种将传统和前卫融为一体的都市一族,他们有先锋的一面,比如想要过自己喜欢的生活,不被他人所左右,同时他们也不排斥传统。那些具有拿铁性格的人的生活也有着它特定的物质符号。或许,他们生活在郊外或小镇上,住成排的别墅,不住孤立的别墅也不住喧闹的社区;他们没有跑车,但会有辆家用的吉普车;他们喜欢棉麻制品,选择格子衬衫和T恤,方便快捷,而且在正式场合上也可以穿;他们吃风味小菜，从不去喝那些令他们难以理解的红酒，而只喝自家酿造的酒；他们的喜悦不在明天和别人那里，星期几就是星期几，自己就是自己。"拿铁一族"就是这样简单，只做他们自己想做的事，他们独立地生活，即使那生活并不十分富有，但只要是他们自己选择的；他们尽情地享受，尽管那享受可能只是一杯清茶，但只要是自己喜欢的。"拿铁一族"，其实就是在用自己的思维方式，给生活这杯苦咖啡注入一缕温暖的奶香，他们让原本不易的、枯燥的生活不经意间焕发出一种香甜芬芳，平添了对生活的热爱，谁又能说这不是一种生活的艺术呢？要做，就做个"拿铁一族"吧，芳香了自己，也会感染他人。

思考：一种事物经过长期发展，往往都会形成某种特定的文化现象。在掌握了如何制作拿铁咖啡之后，你认为应该如何利用对其文化的理解激发在咖啡制作中的创新灵感？

岗位实训

制作一杯浓缩咖啡与牛奶比在1∶2到1∶5之间、奶泡高度在1厘米以内的适合自己口味的意式拿铁咖啡，找寻其最佳风味。

自我评价

通过学习本任务：_____。
我学到了_____
_____。
其中我最感兴趣的是_____
_____。
我掌握比较好的是_____
_____。
对我来说难点是_____
_____。
我将通过以下方法来克服困难，解决难点：_____
_____
_____
_____。

任务三　制作馥芮白咖啡

学习目标

● **知识目标**

1. 了解馥芮白名字的由来；
2. 掌握馥芮白咖啡的口感特点、器具与原料；
3. 掌握馥芮白咖啡的制作方法。

● **能力目标**

1. 能够准确描述馥芮白咖啡的制作步骤及要点；
2. 能够熟练制作馥芮白咖啡。

● **素质目标**

通过学习馥芮白咖啡的口感特点、制作原理、制作器具与原料，以及制作方法等，培养学生追求卓越、敢于创新的工匠精神。

任务描述

掌握馥芮白咖啡的口感特点、制作原理、制作器具与原料，以及制作方法等知识和技能，理解馥芮白咖啡的制作工艺，掌握馥芮白咖啡的制作技能。

任务要求

1. 上课当日饮食宜清淡，忌重油重辣；
2. 应提前准备好演示馥芮白咖啡制作的器具和材料，如：咖啡机、奶缸、压粉器、布粉器、全脂纯牛奶和咖啡豆等；
3. 在教师引导下共同分析馥芮白咖啡在配比、口味等方面的特点；
4. 进行实践操作，完成一杯馥芮白咖啡。

知识点一　什么是馥芮白咖啡

1. 馥芮白咖啡名字的由来

馥芮白英文为"Flat White",诞生于20世纪80年代,直译成中文为"平白咖啡",据传第二次世界大战时,意大利人移民澳大利亚、新西兰两国并将咖啡文化带到当地,直至今日,两国人民依然在争论谁才是"Flat White"的发源地。从南半球到北半球,从英伦欧洲到中华大地,"Flat White"可谓是风靡了全世界,深受文艺青年的喜爱(图3-3-1)。

图3-3-1　馥芮白

2. 馥芮白咖啡的定义

馥芮白咖啡是在浓缩咖啡的基础上改进发明的一种意式咖啡,是由浓缩咖啡、热牛奶以及奶泡所组成的咖啡饮料。

3. 馥芮白咖啡的口感特点

馥芮白咖啡的口感主要来自浓郁的咖啡味以及偏薄的奶泡厚度,与其他牛奶咖啡相比,特点如下:

奶泡厚度上: 馥芮白咖啡的奶泡最薄,拿铁咖啡较厚,卡布奇诺最厚;

味道上: 馥芮白咖啡最浓郁,卡布奇诺咖啡次之,而拿铁咖啡牛奶味最浓郁;

口感上: 馥芮白咖啡更像是一杯牛奶味的咖啡,拿铁咖啡更像是咖啡味的牛奶,卡布奇诺咖啡则是一款带有绵密奶泡的咖啡。

奶泡厚度的不同造成了口感上的细微差别,拿铁咖啡的奶泡厚度约1厘米,表面有光泽,流动性强,口感顺滑、细腻、饱满;卡布奇诺的奶泡厚度约1.5厘米,表面光泽较暗淡,流动性较差,口感绵密、扎实、饱满;而馥芮白咖啡奶泡厚度约为0.5厘米,表面光泽明亮,流动性极强,口感平滑、顺滑、轻盈。

知识点二　器具与原料

1. 器具

（1）咖啡机；
（2）磨豆机；
（3）奶缸；
（4）压粉器；
（5）咖啡杯（150～180毫升）；
（6）清洁毛巾（图3-3-2）。

图3-3-2　清洁毛巾

2. 原料

（1）咖啡豆适量；
（2）全脂纯牛奶适量。

 ## 知识点三　做法

制作浓缩咖啡—打发奶泡—注入奶泡—出品

第一步：制作浓缩咖啡。按照制作意式浓缩咖啡步骤，制作精粹浓缩咖啡40克（如图3-3-3所示）。

图3-3-3　制作浓缩咖啡

M3-3 制作
馥芮白

第二步：打发奶泡（如图3-3-4所示）。将牛奶加热到60～65℃，奶泡泡身控制在5毫米左右（如图3-3-5所示）。

图3-3-4 打发奶泡

图3-3-5 加热牛奶

第三步：注入奶泡。将牛奶奶泡旋转式注入浓缩咖啡中（如图3-3-6所示），保证牛奶与浓缩咖啡的完全融合。

第四步：完成一杯醇香绵密的馥芮白咖啡的制作（如图3-3-7所示）。

图3-3-6 注入奶泡

图3-3-7 制作完成

馥芮白咖啡口感浓郁、香醇及奶味绵密，苦味重于奶味。根据以上特点，按照制作方法制作一杯馥芮白咖啡。

1.准备工作

(1) 准备器具及原料

器具用品：意大利咖啡机、磨豆机、咖啡杯、奶缸、压粉器。

原料：咖啡豆、全脂纯牛奶。

（2）温杯　准备好干净的温热的杯子。

2.制作奶泡

（1）热牛奶　用奶泡拉花杯取适量牛奶，将其置于咖啡机的蒸汽棒下，加热至60～65℃。

（2）打奶泡　制作比拿铁更细更薄一些的奶泡。

3.咖啡调制

（1）调制浓缩咖啡　选择客人需求的综合咖啡豆7克，按研磨度（1～1.5）研磨。用意大利咖啡机调制浓缩咖啡50毫升作基底。

（2）咖啡调制　用长勺辅助将浓缩咖啡50毫升注入热的牛奶中，咖啡、牛奶分成两层，顶层从杯子上方中央注入0.5厘米的奶泡，直至咖啡的表面，形成白色圆点为止。

4.咖啡品尝及总结

品尝各自完成的作品并总结馥芮白咖啡的操作要点。

馥芮白的"Ristretto"

很多人知道"Espresso"，就是意式浓缩咖啡。拿铁咖啡、摩卡咖啡、卡布奇诺咖啡、焦糖玛奇朵咖啡、美式咖啡，所有的星巴克意式咖啡，都是用它来做咖啡基底的。直到馥芮白的出现，打破了这个规律。星巴克对馥芮白的重视，更体现在全自动咖啡机Mastrena上。在原来的机器上，安装上一个"Ristretto"按键，专门用来萃取馥芮白的咖啡基底。Ristretto，叫作精粹浓缩咖啡。Ristretto与Espresso的不同，在于它萃取的时间更短。同样的咖啡粉，萃取Espresso大概需要25秒时间，而萃取Ristretto，可能是15～20秒。用咖啡机萃取一杯完整的Espresso（意式浓缩咖啡），按萃取时间来划分，第一段出来的咖啡比较"酸"，第二段是体现咖啡风味差异的"精华"，第三段多是"苦"味。而制作Ristretto，缩短了萃取时间，就没有咖啡中的"苦味"。

这就导致馥芮白的底料咖啡，只有"酸味"和"甜味"。所以，喝起馥芮白来，没有拿铁、卡布奇诺带有的明显焦苦味，更多的是前两段的味道，焦糖感十足，还带有一些酸味。

让馥芮白咖啡味道更浓郁的是，它用的浓缩咖啡都是"加量"的。星巴克咖啡有三种杯型：中杯、大杯、超大杯。制作卡布奇诺、拿铁咖啡时，通常是在中杯里放1份意式浓缩咖啡，作为咖啡基底，大杯放2份，超大杯也放2份；制作馥芮白咖啡时，中杯是放2份精粹浓缩咖啡，大杯放3份，超大杯放4份，从而让馥芮白的咖啡味道比拿铁和卡布奇诺更浓郁和稠厚。再加上倒入的打发牛奶，在咖啡和牛奶的水乳交融下，口感变得甘甜馥郁、丝滑无比。这就是馥芮白咖啡的风味，既有浓郁厚重的咖啡味，又有香甜绵密的牛奶味。

咖啡豆的选购与保存

1.如何选购咖啡生豆

第一，咖啡豆需要密封。咖啡豆不能暴晒在强烈的阳光下，而且不能与具有挥发性的东西放在一起，这两点就说明了咖啡豆最好是密封在不见光的盒子或罐子里面。

第二，通过颜色区分咖啡豆。咖啡豆会因为不同的烘焙程度继而呈现不同的颜色，咖啡本身的风味也随之会产生变化。颜色较浅的咖啡豆本身的豆酸味是很重的，但随着烘焙程度的加深，咖啡豆里面的酸味会慢慢地消失，而苦味会梯级上升。

第三，学会查看咖啡豆的保质期。咖啡豆自从烘焙过后就开始氧化，就和铝粉一样，虽然速度没有那么快，但其原理还是一样的。而且，咖啡豆还有吸潮和吸味的特点，所以尽量选购新鲜的咖啡豆，不过对于咖啡豆的这个习性，对于已经变质的咖啡豆不要丢掉，作为冰箱或衣橱的干燥剂和除味剂是一个不错的选择，环保且没有污染。

第四，通过嗅觉区分咖啡豆。新鲜的咖啡豆闻起来是富有咖啡原始的芬芳的，不新鲜或是已经过度氧化的咖啡豆的香味则会欠佳或者是基本没有味道，严重的会有霉味、土腥味和碘味，甚至会有发酵的味道。

2.如何保存咖啡豆

（1）**烘焙过的咖啡豆** 烘焙过的咖啡豆，需要注意避免受到空气中的氧化作用，使得咖啡豆中含有的油质劣化，如果温度、湿度、光线等发生了变化，会加速咖啡豆的变质，所以需要尽可能地放在密闭、低温、避光的地方。

（2）**未开封的咖啡豆**　如果是未开封的咖啡豆建议放置于阴凉干燥处保存。

（3）**已开封的咖啡豆**　如果是已开封的咖啡豆需要用密闭的罐子或者使用专用的密封条进行封存，然后将之放在阴凉干燥的地方保存即可。

22年的咖啡豆种植，只为实现一个梦想

张宏军是上海人，1969年知青下乡到云南，一开始割橡胶，后分配到邮电系统工作，有了"铁饭碗"。可这份"铁饭碗"敌不过张宏军的咖啡梦，1998年他放弃体制待遇，揣着所有积蓄，一头扎进了云南大山里，成为咖农，一干就是22年，亲手建立起"庄园"咖啡种植园。

这22年，即使几经磨难，张宏军也未曾放弃咖啡种植。

天灾是农业躲不开的劫。2014年，一场大火烧掉了几百亩咖啡树，这些咖啡树花费了张宏军十几年心血，正要投产。又有一年，一场霜冻，冻坏了他十年时间培育的精品咖啡豆。

多年努力，一次又一次付诸东流，但张宏军仍然坚守。"随便种点其他什么，不种咖啡豆，也不会像现在这样，就会有钱了。"张宏军妻子抱怨道。

努力没有白费，如今，庄园种植有20多个咖啡品种，成为国家咖啡良种资源库之一，庄园产出的咖啡豆受到业内欢迎，也改变着世界咖啡业对云南咖啡"高产低质"的刻板印象。

"咖啡，我的梦。"不经意间，张宏军说。

张宏军是一个小人物，是和你我他一样的普通人，但凭借22年坚守，他创造了不平凡的咖啡事业，诠释了什么是梦想的力量，什么是相信的力量。

思考：通过阅读材料，你如何看待放弃"铁饭碗"在云南种了22年咖啡豆的张宏军，他身上体现了哪些优秀品质？

分小组选择一款豆子尝试制作馥芮白咖啡，讨论并阐述制作馥芮白咖啡的参数及冲煮方案。

自我评价

通过学习本任务：_____。

我学到了_____
_____。

其中我最感兴趣的是_____
_____。

我掌握比较好的是_____
_____。

对我来说难点是_____
_____。

我将通过以下方法来克服困难，解决难点：_____
_____
_____
_____。

任务四　制作卡布奇诺

学习目标

● 知识目标

1. 了解卡布奇诺的前身、名字由来、衍生发展、品尝注意事项，以及与拿铁的区别；
2. 掌握卡布奇诺咖啡的制作原理和制作器具与原料；
3. 掌握卡布奇诺咖啡的制作方法。

● 能力目标

能够熟练制作卡布奇诺咖啡。

● 素质目标

1. 通过学习卡布奇诺咖啡的风味特点、衍生发展、制作原理、制作器具与原料，以及制作方法等，培养"执事敬、事思敬"的工匠精神，和耐心执着、专注的职业精神；
2. 通过学习西方饮品咖啡，提升咖啡审美素养、人文素养，陶冶情操、温润心灵、激发创造创新活力，增强文化自信。

任务描述

掌握卡布奇诺咖啡的风味特点、衍生发展、制作原理、制作器具与原料，以及制作方法等知识和技能，理解卡布奇诺咖啡的制作工艺，掌握卡布奇诺咖啡的制作技能。

任务要求

1. 上课当日宜饮食清淡，忌食具有刺激性气味的食物，准备好一次性勺子、纸巾；
2. 应提前准备好演示卡布奇诺咖啡制作的器具和材料，如：咖啡机、奶缸、压粉器、全脂纯牛奶和咖啡豆等；
3. 在教师引导下学生共同分析卡布奇诺与拿铁的不同；
4. 自主进行实践操作，完成一杯卡布奇诺咖啡的制作。

知识点一　什么是卡布奇诺

1.卡布奇诺的名字由来

卡布奇诺（Cappuccino）名称源自意大利，最早使用Cappuccino一词的时间是在1948年，当时旧金山一篇报道率先介绍卡布奇诺饮料，1990年以后，卡布奇诺成为世人耳熟能详的咖啡。

2.卡布奇诺的定义

卡布奇诺（Cappuccino）的意思是意大利泡沫咖啡，是一种使用意式浓缩咖啡加打发后的牛奶奶沫制作而成的传统意大利式咖啡。20世纪初期，意大利人阿奇布夏发明蒸汽压力咖啡机的同时，也发展出了卡布奇诺咖啡（图3-4-1）。

图3-4-1　一杯卡布奇诺

传统的意大利卡布奇诺咖啡通常是用单份的意式浓缩咖啡配以等量的牛奶和奶泡，即干卡布奇诺（Dry Cappuccino）。伴随着技术的改良和人们对咖啡与牛奶融合口味的追求，卡布奇诺咖啡风格开始发生变化，出现了口感如融化后冰淇淋的湿卡布奇诺（Wet Cappuccino）。

3.卡布奇诺的口感特点

卡布奇诺咖啡的奶泡厚度要求大于1厘米，咖啡小勺平推过去看不到咖啡液，传统的卡布奇诺表面有一层厚厚细腻的奶泡，它使牛奶变得更加丝滑绵密，口感更加厚实，一口喝下去，表面是细腻的奶泡，下面是牛奶与咖啡融合后的香浓口感，入口绵密，宛如棉花糖一般，适合口味重的咖啡爱好者。

浓缩咖啡、牛奶和奶泡组成的卡布奇诺，呈现出特浓咖啡的浓郁口味，配以润滑的奶泡，有一种让人无法抗拒的独特魅力，是同学聚会、恋人相约时的不二之选。第一口喝下去时，可以感觉到大量奶泡的香甜和酥软，第二口可以真正品尝到咖啡豆原有的苦涩和浓郁。

4.卡布奇诺与拿铁的区别

一是成分区别：卡布奇诺的奶沫很厚且冒出了杯边，拿铁咖啡则不需要；拿铁咖啡的杯子要比卡布奇诺杯大（这样可以增加牛奶的量）。

二是外观区别：这两种咖啡的成分是一样的，浓缩咖啡（Espresso）、牛奶和奶泡，区别在于一个奶泡多，一个牛奶多。

三是口感区别：卡布奇诺和拿铁咖啡都有奶泡，而且都是需要很绵密的奶泡。拿铁咖啡的奶泡少，牛奶多，总体感觉就是奶味重。卡布奇诺的奶泡多，牛奶少，咖啡的味道较明显。

知识点二　器具与原料

图3-4-2　卡布奇诺咖啡杯

图3-4-3　布粉器

图3-4-4　咖啡勺

图3-4-5　咖啡豆

1.器具

（1）咖啡机；

（2）磨豆机；

（3）奶缸；

（4）压粉器；

（5）卡布奇诺咖啡杯（Cappuccino杯属于咖啡杯的中型杯，尺寸为150～180毫升，留有空间供人自行调配，如添加奶和糖等）（图3-4-2）；

（6）布粉器（图3-4-3）；

（7）咖啡勺（图3-4-4）；

（8）清洁毛巾。

2.原料

（1）咖啡豆（图3-4-5）；

（2）全脂纯牛奶（图3-4-6）。

图3-4-6　全脂纯牛奶

M3-4 制作卡布奇诺

知识点三　做法

制作浓缩咖啡—打发奶泡—牛奶（奶泡）注入咖啡—出品

第一步：制作标准意式浓缩咖啡。按照取豆、磨粉、布粉、压粉、萃取的标准意式浓缩咖啡操作流程制作浓缩咖啡，并直接盛放于卡布奇诺咖啡杯中（如图3-4-7所示）。

图3-4-7　制作浓缩咖啡

第二步：打发奶泡。按照倒入牛奶、空喷蒸汽、打发牛奶、打绵牛奶、擦拭蒸汽管、轻敲或摇晃奶泡的标准奶泡制作流程完成奶泡的打发（如图3-4-8所示）。

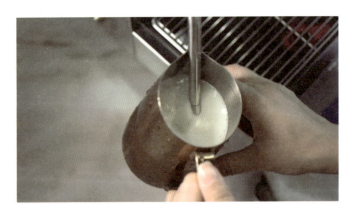

图3-4-8　打发奶泡

第三步：牛奶和奶泡注入浓缩咖啡。左手握住装有浓缩咖啡的卡布奇诺咖啡杯，右手握住奶缸的手柄，先将奶缸拿高，再将牛奶、奶泡往下倒入装有浓缩咖啡的杯中。当奶泡流至咖啡杯的2/3时，可借助勺子将奶泡和牛奶一起刮进咖啡杯，奶泡应该位于咖啡杯的中间，液面四周有咖啡油脂形成了一圈金边。或者借助手腕处的晃动，让奶缸中的牛奶轻微晃动，在咖啡液的表面形成以杯心为中心向两侧扩散推送的层层圆弧，形成如同黄金圈式的外观（如图3-4-9所示）。

图3-4-9　牛奶（奶泡）注入咖啡

奶泡要缓慢地注入咖啡液中，避免奶泡流量忽大忽小，注意奶泡流量和流速稳定性的把握，使咖啡液和牛奶、奶泡充分融合，融合液的颜色分布均匀，无气泡产生。

第四步：出品。完成卡布奇诺的制作（如图3-4-10所示）。

图3-4-10　出品

制作一杯卡布奇诺咖啡，完成黄金圈式卡布奇诺制作。

1. 准备工作

（1）准备器具及原料

器具用品：咖啡机、磨豆机、奶缸、压粉器、布粉器。

原料：全脂纯牛奶、意式咖啡豆。

（2）温杯并预热咖啡机　以热水浸泡杯子，打开咖啡机开关预热。

2. 制作卡布奇诺

（1）制作标准意式浓缩咖啡，并直接盛放于卡布奇诺咖啡杯中。

取豆：取适量原豆粉碎后装入冲煮粉碗。

布粉：将呈现小山丘形状的手柄中的咖啡粉进行布粉，让咖啡粉较为均匀地分布在手柄上。

压粉：用压粉器对手柄中的咖啡粉进行垂直填压。

萃取：先给咖啡机放水大约5～10秒后，按下萃取键，完成萃取。

（2）打发奶泡。

倒入牛奶：将牛奶倒至奶泡壶凹槽附近，或者奶泡壶的1/3～1/2处。

喷蒸汽：排空蒸汽棒里的水分，以免蒸汽棒里的水分过多影响到奶泡的质量。

打发牛奶：打开蒸汽，慢慢下移奶缸开始进气，听到"呲呲呲"进气声时，停止下放奶缸，保持原处不动。这时牛奶会呈现边进气液体边旋转，形成漩涡的状态。

打绵牛奶：牛奶液体基本已经打成了细小泡沫状态的绵密奶泡时，这样基本完成了从液体到奶泡的形态转换。

擦拭蒸汽管：用干净的湿抹布擦拭喷蒸汽头，擦拭干净后取下抹布，关闭蒸汽阀门，将蒸汽棒放回原位再排一次气。

轻敲、摇晃奶泡：将拉花缸在桌面上轻敲几下，可振碎部分粗奶泡，或者倒到另外一个拉花缸，能去除较大气泡。奶泡在拉花杯里，一直要保持同一方向轻轻绕圈摇动，使奶泡整体质地均匀。

（3）将牛奶和奶泡倒入放有意式浓缩咖啡的卡布奇诺咖啡杯中。

左手握住装有浓缩咖啡的卡布奇诺咖啡杯，右手握住奶缸的手柄，先将奶缸拿高，再将奶泡缓慢地倒入咖啡液中，当奶泡流至咖啡杯的2/3时，可借助勺子将奶泡和牛奶一起刮进咖啡杯，奶泡应该位于咖啡杯的中间，液面四周有咖啡油脂形成了一圈金边。或者借助手腕处的晃动，让奶缸中的牛奶轻微晃动，在咖啡液的表面形成以杯心为中心向两侧扩散推送的层层圆弧，形成如同黄金圈式的外观。

3.分享制作完成的卡布奇诺咖啡

品尝卡布奇诺的美好风味，从色、香、味三方面总结风味。

制作冰卡布奇诺咖啡

1.器具与原料准备

（1）器具：咖啡机、磨豆机、奶缸、压粉器、布粉器等。

（2）原料：全脂纯牛奶、意式咖啡豆。

2.冰卡布奇诺咖啡制作流程

（1）取适量原豆粉碎后装入冲煮粉碗；

（2）将呈现小山丘形状的手柄中的咖啡粉进行布粉，让咖啡粉较为均匀地分布在手柄上；

（3）用压粉器对手柄中的咖啡粉进行垂直填压；

（4）先给咖啡机放水大约5～10秒后，按下萃取键，完成萃取；

（5）将冰牛奶倒至奶泡壶凹槽附近，或者奶泡壶的1/3～1/2处；

（6）排空蒸汽棒里的水分，以免蒸汽棒里的水分过多影响到奶泡的质量；

（7）打开蒸汽，慢慢下移奶缸开始进气，打发牛奶；

（8）将牛奶液体打成细小泡沫状的绵密奶泡；

（9）用干净的湿抹布擦拭喷蒸汽头，关闭蒸汽阀门，将蒸汽棒放回原位再排一次气；

（10）轻敲、摇晃奶泡，去除较大气泡；

（11）左手握住装有浓缩咖啡的卡布奇诺咖啡杯，右手握住奶缸的手柄，先将奶缸拿高，再将奶泡缓慢地倒入咖啡液中，或者用勺子将绵密的奶泡舀至咖啡杯中（图3-4-11）。

图3-4-11　冰卡布奇诺

咖啡豆的烘焙

1.什么是咖啡豆的烘焙

咖啡豆的烘焙，指的是咖啡豆内部成分的一系列转化过程。生咖啡豆本身是没有任何咖啡的香味的，只有经过烘焙之后，产生了能够释放出咖啡香味的成分，才能闻到浓郁的咖啡香味。

咖啡豆的烘焙好坏直接决定了咖啡豆的香味好坏。烘焙不好的咖啡，即使生咖啡豆是很好的，也无法获得很好的咖啡熟豆，当然做不出好喝的咖啡。只有用好的咖啡生豆，经过适当的烘焙，才有可能加工出好的咖啡熟豆，也才可能为制作好咖啡提供一个好的前提条件。

2.烘焙过程的原理

咖啡豆是一种有机物，其烘焙的过程中，成分的转化是十分复杂的。烘焙的过程中会产生一连串的化学变化以及物理变化。经过5～15分钟的烘焙（依所选取温度而定），绿色的咖啡豆会失去部分水分，转变成黄色。在此过程中，咖啡豆会膨胀，从结实的、高密度的生豆状态转变为低密度的蓬松状态。经过这一过程，咖啡豆体积会增大约一倍，开始呈现出轻炒后的浅褐色。这一阶段完成之后，热量会转小，咖啡的颜色很快转变成深色。当达到了预设的烘焙深度，可以用冷空气为咖啡豆降温，以便停止烘焙过程。

3.咖啡豆的烘焙程度

咖啡豆的烘焙大致分为浅烘焙、中烘焙和深烘焙。浅烘焙的咖啡豆：会有很浓的气味，很脆，有很高的酸度（是主要的风味）和轻微的醇度。中烘焙的咖啡豆：有很浓的醇度，同时还保存着一定的酸度。深烘焙的咖啡豆：颜色为深褐色，表面泛油，对于大多数咖啡豆醇度明显增加，酸度降低（图3-4-12）。

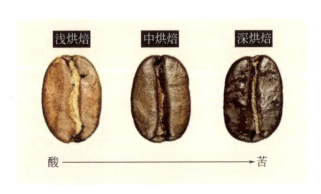

图3-4-12　咖啡豆的烘焙程度

 **思考与感悟**

从产地到终端：咖啡豆的电商之旅

云南省澜沧本地最具标志性的两种作物：享誉世界的云南普洱茶和异军突起的澜沧咖啡。上一辈人种普洱，年轻一代则在咖啡中探索新可能。

沈少群来到云南澜沧，探索当地产业的数字化升级之路。在他眼里，澜沧是一片宝地。这里日照充足、雨量充沛、土质优良，被誉为"世界种植咖啡的黄金地带"。当地的咖啡产业早在100多年前就已萌芽，全县种植面积多达6.5万亩（1亩≈666.67平方米）。但是，澜沧的短板也十分明显：地处边境，交通闭塞，澜沧咖啡走不出去；品牌意识缺失，咖农们只是把生豆卖给经销商，缺少深加工过程，产业链上的附加价值都被其他环节赚走了，无品牌创建。

沈少群迅速行动起来：首先，调整咖啡产品的工艺和口味，使之更受年轻人欢迎。他联系了网购平台相关负责人，讨论咖啡的烘焙深度、水洗方式，最终敲定了挂耳咖啡作为活动的主推品。同时，为配合这款主打年轻群体的"国产宝藏咖啡"，沈少群找来了设计团队，对咖啡内外包装进行了大幅升级。原本陈旧粗糙的设计，摇身一变成为简洁有型的环保包装。再借助网站的助农活动，澜沧咖啡终于插上数字化的翅膀，火遍全国。上线两天半时间，卖了3000多单，当天冲到了咖啡粉热销榜第二。

对沈少群来说，品牌还在初创期，这个销量不算特别抢眼，他看重的是促销活动背后更深远的意义：提升澜沧咖啡的知名度，增强当地农户的信心。毕竟，销售额可以用数字计算，但品牌影响力和数字化信心，是无形且无价的。

思考：

1.通过阅读材料，你认为该如何发挥电商平台在咖啡品牌建设中的重要作用？

2.结合现在咖啡行业的发展，谈谈你认为该如何发展本土的咖啡品牌。

 **岗位实训**

制作一杯卡布奇诺咖啡，把握制作要领完成黄金圈式卡布奇诺制作。

自我评价

通过学习本任务：_____。

我学到了_____
_____。

其中我最感兴趣的是_____
_____。

我掌握比较好的是_____
_____。

对我来说难点是_____
_____。

我将通过以下方法来克服困难，解决难点：_____
_____
_____
_____
_____。

模块四

风味咖啡制作

风味咖啡就是咖啡馆为了迎合客人的口味而创制的咖啡种类，在咖啡中加入香料等调味料，以达到增强香气、口感、味道或者外形美的目的。有别于以往以酸味及苦味为主的咖啡，绝大多数的风味咖啡并不含砂糖，在意热量或糖分的减肥人群可以尽情感受风味咖啡多变的魅力。

风味咖啡一般依据口味分类，常见的风味咖啡有香草、巧克力、榛果等口味，最简单的选法便是依个人喜好决定。然而即便是相同口味，由于品牌不同，喝起来的口感及香味也会有所不同。

任务一　制作焦糖玛奇朵

学习目标

● **知识目标**

1. 了解焦糖玛奇朵名字的由来、前身、品尝注意事项、与拿铁的区别；
2. 掌握焦糖玛奇朵咖啡的制作原理和制作器具与原料；
3. 掌握焦糖玛奇朵咖啡的制作方法。

● **能力目标**

1. 熟练掌握什么是焦糖玛奇朵咖啡，以及焦糖玛奇朵的风味特点、制作原理、制作器具与原料，以及制作方法；
2. 能够熟练制作焦糖玛奇朵咖啡。

● **素质目标**

1. 通过学习焦糖玛奇朵咖啡的风味特点、衍生咖啡、制作原理、制作器具与原料，以及制作方法等，培养热爱咖啡的情怀，践行咖啡师凝神聚力、追求极致的职业品质和勇于突破、追求创新的工匠精神；
2. 通过学习西方饮品咖啡，培养体悟咖啡悠久文化，传承咖啡文化，陶冶情操、温润心灵，培养学生勇于探索的创新精神，增强文化自信。

任务描述

掌握焦糖玛奇朵咖啡的风味特点、衍生咖啡、制作原理、制作器具与原料，以及制作方法等知识和技能，理解浓缩玛奇朵咖啡的制作工艺，掌握焦糖玛奇朵咖啡的制作技能。

任务要求

1. 上课当日宜饮食清淡，忌食具有刺激性气味的食物，准备好一次性勺子、纸巾；
2. 应提前准备好演示焦糖玛奇朵咖啡制作的器具和材料，如：咖啡机、奶缸、压粉器、全脂纯牛奶和咖啡豆等；
3. 在教师引导下共同分析风味咖啡系列之焦糖玛奇朵的制作要领；
4. 自主进行实践操作，完成一杯焦糖玛奇朵咖啡的制作。

知识点一　什么是焦糖玛奇朵

1. 焦糖玛奇朵的由来

20世纪80年代，星巴克的老板舒尔茨去意大利出差时接触到拿铁、玛奇朵这类花式咖啡，觉得它们会在美国流行，于是回去后，尝试着销售。销售过程中星巴克对这些咖啡也进行了改良。他们在传统的玛奇朵咖啡中，加入焦糖和脱脂牛奶。星巴克独创的"焦糖玛奇朵"咖啡，由此诞生。如今焦糖玛奇朵已经成为星巴克的热卖单品，尤其受女性群体的喜欢，每年为星巴克带来巨大的收益，也被其他咖啡品牌争相模仿和复制。

2. 焦糖玛奇朵的定义

焦糖玛奇朵（Caramel Macchiato）是一种加入焦糖的玛奇朵咖啡。在香浓热牛奶上加入浓缩咖啡和香草糖浆，然后再覆盖上一层风格独特的焦糖图案，口味香甜，像丝般顺滑，风味醇厚，特点是在一杯饮品里可以喝到三种不同的口味。"Macchiato"一词源于意大利，意思是"烙印"和"印染"，中文音译"玛奇朵"。"Caramel"意思是焦糖。焦糖玛奇朵，寓意"甜蜜的印记"。浓缩咖啡倾倒入热奶时将穿过奶泡层，在牛奶中留下只属这款饮料的独特印记（图4-1-1）。

图4-1-1　一杯焦糖玛奇朵

3. 焦糖玛奇朵的风味特点

品尝一杯焦糖玛奇朵时，通常能尝到三种风味：一是焦香的焦糖风味；二是奶泡里混有糖浆甜蜜的味道；最后一层是甘苦的咖啡味道。

焦糖玛奇朵咖啡的口味独特，口感丰富，层次细腻，适合于习惯厚重、甘苦咖啡口味的人群饮用。

4.焦糖玛奇朵与拿铁咖啡的区别

第一，制作方法与加入材料的不同：焦糖玛奇朵咖啡是由浓缩咖啡和香草糖浆打底，再加入大量奶泡，最后淋上焦糖酱制作而成的。而拿铁咖啡的制作则是在浓缩咖啡里按比例加入大量牛奶而成的。两者在加入咖啡的材料上有较大的区别。

第二，口味的不同：焦糖玛奇朵咖啡在饮用时无需搅拌，而是应当直接饮用，因此在品尝一杯焦糖玛奇朵时，通常能尝到三种风味。而拿铁咖啡则更为大众，牛奶中和了浓缩咖啡的甘苦，口感变得比原来更加有层次。

第三，适用人群的不同：焦糖玛奇朵咖啡的口味较于独特，更加适合习惯饮用风味咖啡的人群。拿铁咖啡则由于牛奶的大量加入，口感更适合喜欢品尝咖啡的人所受用。

5.焦糖玛奇朵的制作原理

焦糖玛奇朵咖啡是一款制作简单但口感浓烈的咖啡。焦糖玛奇朵（Caramel Macchiatto）是一杯350毫升的咖啡里含有1份意式浓缩咖啡（约30毫升），其他300多毫升是由含奶泡的牛奶、香草糖浆以及焦糖组合而成，给人柔和的温柔感，如浮云般润滑。

焦糖玛奇朵咖啡的制作方法与拿铁、卡布奇诺不一样，先在杯中，滴入香草糖浆，然后倒入热奶泡，接着，倒入意式浓缩咖啡，最后，用焦糖酱，在奶泡上画图形。星巴克的焦糖玛奇朵上面的图案造型，就像华夫饼干似的。这是为了保证，无论从哪里入口，都能喝到焦糖甜味，这样也避免，喝到咖啡油脂与奶泡混合后的苦涩味道。

 知识点二　器具与原料

1.器具

（1）咖啡机；

（2）磨豆机；

（3）奶缸；

（4）压粉器；

（5）布粉器；

（6）咖啡杯；

（7）咖啡勺；

（8）清洁毛巾。

2.原料

（1）咖啡豆；

（2）全脂纯牛奶；

（3）焦糖酱（图4-1-2）；

（4）香草糖浆（图4-1-3）。

图4-1-2　焦糖酱

图4-1-3　香草糖浆

 知识点三　做法

1.倒入香草糖浆

取咖啡杯，倒入约10毫升的香草糖浆到咖啡杯底部（如图4-1-4所示）。

M4-1 制作焦糖玛奇朵

图4-1-4　倒入香草糖浆

2.制作标准意式浓缩咖啡

按照准备、取豆、布粉、压粉、萃取的标准意式浓缩咖啡操作流程制作浓缩咖啡，并盛放咖啡杯中（如图4-1-5所示）。

3.打发奶泡

按照倒入牛奶、空喷蒸汽、打发牛奶、打绵牛奶、擦拭蒸汽管、轻敲或摇晃奶泡的标准制作流程完成奶泡打发（如图4-1-6所示）。

图4-1-5 制作标准意式浓缩咖啡　　　　图4-1-6 打发奶泡

4.将奶泡舀至咖啡杯中

用振动和摇晃的方式沉淀奶泡中的气泡，形成细腻、有光泽的奶泡。用咖啡勺将打发好的绵密的奶泡舀至咖啡杯中至10分满（如图4-1-7所示）。

5.用焦糖酱做装饰

将焦糖酱挤在奶泡上面画出图形，做装饰即可（如图4-1-8所示）。

图4-1-7 将奶泡舀至咖啡杯中　　　　图4-1-8 用焦糖酱做装饰

任务分析

制作一杯焦糖玛奇朵咖啡，完成用焦糖酱点缀、奶泡丰盈的焦糖玛奇朵咖啡制作。

制作焦糖玛奇朵咖啡

（1）准备器具与原料：咖啡机、磨豆机、奶缸、布粉器、全脂纯牛奶、意式咖啡豆、香草糖浆、焦糖酱。

（2）以热水浸泡杯子来温杯，打开咖啡机预热。

（3）取咖啡杯，将咖啡杯中倒入适量的香草糖浆约10毫升。

（4）按照准备、取豆、布粉、压粉、萃取的操作流程，制作标准意式浓缩咖啡，并盛放于咖啡杯中。

（5）按照倒入牛奶、空喷蒸汽、打发牛奶、打绵牛奶、擦拭蒸汽管、轻敲或摇晃奶泡的标准奶泡制作流程完成奶泡打发。

（6）将打发好的绵密的奶泡舀至咖啡杯中至10分满。

（7）将焦糖酱挤在奶泡上画出如同华夫饼似的图形，做装饰即可。

（8）分享制作完成的焦糖玛奇朵咖啡，品尝焦糖玛奇朵的美好风味，从色、香、味三方面总结风味。

玛奇雅朵咖啡的制作原理

玛奇雅朵是焦糖玛奇朵的前身。玛奇雅朵咖啡是由单份意式浓缩咖啡，上面不加鲜奶油、牛奶，只加少许加热打发后绵密细软的奶泡做装饰，放在小杯中出品的咖啡。在意大利，被称为Caffe Macchiato。

玛奇雅朵的制作方法很简单，其实就是用奶泡点缀意式浓缩咖啡。要区分玛奇雅朵与其他咖啡，最大的特点就是牛奶与咖啡的比例。一杯常规量的玛奇雅朵，浓缩咖啡与牛奶的比例是2∶1；一杯常规量的卡布奇诺，浓缩咖啡与牛奶的比例为1∶2，其目的是让咖啡不被牛奶盖过味道，恰巧相反，是仅用牛奶中的甜味，来为咖啡增添味道。

玛奇雅朵由于只加奶泡而不加热牛奶，所以口味比较重。因为打奶泡时，表面奶泡与空气混合较剧烈，所以表面的奶泡较粗糙。可以将奶泡表面较粗糙的部分刮去，如此便可以喝到最细致的部分。喝的时候不要用咖啡勺搅拌，就算要加糖也最好是均匀地撒在奶泡的表面一层，找一个角度直接一口喝下，让咖啡进入口中还能保持层次感。

玛奇雅朵是用少许的奶泡中和意式浓缩咖啡的味道。与其他意式浓缩基底咖啡相比，玛奇雅朵加入的奶量是最少的，最能保持意式浓缩的原有形态和味道。如果你更喜欢咖啡浓烈的味道，但又觉得意式浓缩的味道太浓烈，卡布奇诺奶味又太重，那么推荐你尝试玛奇雅朵（图4-1-9）。

图4-1-9　一杯玛奇雅朵

咖啡豆的研磨

　　咖啡豆的研磨是帮助咖啡从果子到杯中物尤为重要的一个环节。研磨咖啡豆最理想的时间，是在要冲煮之前。

　　研磨咖啡豆时，粉末的粗细要视冲煮的方式而定。冲煮的时间越短，研磨的粉末就要越细；冲煮的时间越长，研磨的粉末就要越粗。以实际冲煮的方式来说，机器制作咖啡所需的时间很短，因此磨粉最细，咖啡粉细得像面粉一般；用虹吸壶冲煮咖啡，大约需要一分钟，咖啡粉属中等粗细的研磨；美式滤滴咖啡制作时间长，因此咖啡粉的研磨是最粗的，一颗颗像贝壳沙滩上的砂粒。研磨粗细适当的咖啡粉末，对做一杯好咖啡是十分重要的，因为咖啡粉中水溶性物质的萃取有它理想的时间，如果粉末很细，又冲煮长久，造成过度萃取，则咖啡可能非常浓苦而失去芳香；反之，若是粉末很粗而且又冲煮太快，导致萃取不足，那么咖啡就会淡而无味，因为来不及把粉末中水溶性的物质溶解出来。

咖啡豆研磨颗粒大小决定咖啡冲煮方式：

（1）粗磨粉（如粗白砂糖，比黄糖要细），适用于法式压力壶。

粗粉在高水温的萃取下，比较不容易萃取出苦味，同样地也不能磨太粗，萃取不足味道会淡。

（2）中度粉（与砂糖颗粒差不多大）适用于滤纸滴漏式和虹吸式。

建议新手先用中粉来进行手冲，不会因为刚开始控制水流不稳定导致大量水积在滤杯上浸泡咖啡粉，从而使咖啡萃取过度。另外，因为个人口味不同，可以在中粉和细粉之间多尝试，找到适合自己的粗细程度。

（3）中度偏细的颗粒（介于中度粉与细磨粉之间）适用于手冲。

一般手冲最后会固定在中细粉的粗细上，因为中细粉很常用，所以要多尝试，找到自己最适合的中细粉程度。

（4）细磨粉（介于绵白糖和砂糖之间）适用于挂耳。

挂耳咖啡滤袋出水量很大，不像手冲有一个收口的位置，比如现在常用的三孔滤杯，减缓了水流出的速度。所以挂耳更需要细粉来增大萃取面积，萃取更多物质。

（5）极细粉（比细磨粉的颗粒要小）适用于 Espresso。

思考与感悟

瑞幸咖啡的复活——瑞幸跑出创新"加速度"

本土咖啡品牌——瑞幸咖啡的出圈，并不是靠独特的口味或者高效的供应链来超越竞品，而是捕捉到了咖啡市场年轻化、细分化的缺口，精准把握到了国内年轻消费者的需求，并通过科技持续引领消费新风向，跑出创新"加速度"，成为"年轻消费者青睐的品牌新宠"。

财报显示，2022年第一季度，瑞幸总净收入为24.046亿元人民币，同比增长89.5%，自营门店同店销售增长率达41.6%，实现了自公司成立以来季度经营利润首次转正。截至2022年3月31日，净新开门店556家，总门店数达6580家。本季度，瑞幸月均交易客户数为1600万，比2021年同期的870万增长了83.0%。

瑞幸用科技的力量让消费者和更加快捷、便利的新零售距离更近。瑞幸的科技能力涵盖了全业务链条，覆盖了从数据支撑门店选址、算法驱动供应链采购到用户营销自动化以及门店设备物联网管理等各业务环节。瑞幸咖啡有着自身独特的产品创新体系，数据化的完善研发体系，将各种原料和口味数字化、量化，持续追踪饮品的流行趋势。

此外，瑞幸建立了一套完善的智能管理体系，通过前端交互系统、运营系统、数据分析系统等各类智能管理体系，实现门店智能选址，中后台的高效管理。在保证运营效率的同时，瑞幸还持续完善食品安全管控体系。

思考：通过阅读材料，你认为创新在咖啡行业竞争中的重要作用是什么？

岗位实训

制作一杯焦糖玛奇朵咖啡，体验用焦糖酱点缀装饰，完成风味咖啡——焦糖玛奇朵的制作。

自我评价

通过学习本任务：_____。

我学到了_____

_____。

其中我最感兴趣的是_____

_____。

我掌握比较好的是_____

_____。

对我来说难点是_____

_____。

我将通过以下方法来克服困难，解决难点：_____

_____

_____

_____

_____。

任务二　制作摩卡咖啡

学习目标

● 知识目标

1. 了解摩卡咖啡的名称来历及发展历史；
2. 了解制作摩卡咖啡时的常用设备器具与容量配料；
3. 了解摩卡咖啡的风味特点；
4. 了解摩卡咖啡与其他风味咖啡的区别。

● 能力目标

1. 熟练掌握摩卡咖啡的制作步骤；
2. 能够按照所学步骤及配料和器具的使用要求，在规定时间内制作一杯标准的摩卡咖啡。

● 素质目标

1. 通过学习摩卡咖啡的名称来历、容量与配料、制作步骤、个性特点等知识，培养精益求精的工匠精神，并挖掘爱岗敬业、开拓进取的创业精神；
2. 通过学习摩卡咖啡与其他花式咖啡的不同，培养在工作中的自主学习、善于思考、勇于探索的职业精神。

任务描述

熟知摩卡咖啡的名称来历及发展历史、容量与配料等知识点，了解摩卡咖啡的独特个性，并熟练掌握摩卡咖啡的制作技能。

任务要求

1. 上课当日饮食宜清淡，忌重油重辣，准备好一次性勺子、纸巾并提前熟悉制作摩卡咖啡的具体步骤和细节；
2. 准备好咖啡机、磨豆机等器具，适量牛奶、鲜奶油、巧克力粉（或糖浆）等原料用于制作摩卡咖啡演示；
3. 进行实践操作，完成一杯摩卡咖啡的制作；
4. 纠正在操作过程中出现的问题；
5. 品尝作品并探讨摩卡咖啡口感及风味的影响因素。

知识点一　什么是摩卡咖啡

1. 摩卡咖啡的由来

"摩卡（Mocha）"一词源自也门的摩卡港。也门作为全世界第一个大规模种植生产咖啡豆的国家，在17世纪初开始出口第一批咖啡豆去往欧洲，而当时也门去欧洲的只有一个小港口——摩卡港。在这里出口的货物都会被印上"Mocha"，以证明是从摩卡港运输的，所以欧洲人就把摩卡港运来的美味咖啡称作摩卡咖啡，即"Mocha Cafe"，译为"摩卡咖啡"。

2. 摩卡咖啡的定义

正宗的摩卡咖啡生产于阿拉伯半岛西南方的也门共和国，也是世界上最古老的咖啡。摩卡咖啡豆生长在海拔三千至八千英尺（1英尺≈0.3米）陡峭的山侧地带。摩卡咖啡（Mocha Cafe）是由意大利浓缩咖啡、巧克力酱、鲜奶油和牛奶混合而成。

随着意大利花式咖啡的诞生，人们尝试着向普通咖啡中加入巧克力来代替摩卡咖啡，这就是现在能够喝到的花式摩卡。意大利花式摩卡咖啡，通过将1/3的意大利浓缩咖啡（Espresso）与2/3的热牛奶混合，然后加入巧克力的成分。传统的意大利花式摩卡咖啡使用巧克力浆作为原料，而随后由于摩卡咖啡被广受欢迎，更多家庭制作的摩卡咖啡中巧克力浆被巧克力碎、黑巧克力或牛奶巧克力代替。

与卡布其诺浓厚的牛奶泡沫不同，摩卡的顶部没有牛奶泡沫，取而代之的是鲜奶油，并加入可可粉、肉桂或蜜饯等装饰品。所谓的摩卡咖啡，其实是摩卡豆咖啡和花式摩卡咖啡的统称。

3. 摩卡咖啡的风味特点

摩卡咖啡可制成咖啡单品，也可由意大利浓缩咖啡、巧克力酱、鲜奶油和牛奶混合而成。其口味鲜明，口感特殊，层次多变，酸味较强，有令人愉悦的水果酸性，且有明显的巧克力味。

4. 摩卡咖啡和拿铁咖啡的区别

（1）名字起源不同　摩卡咖啡的名字起源于位于也门的红海海边小镇摩卡；拿铁在意大利语意思是鲜奶，在英语中泛指由热鲜奶所冲泡的咖啡。

（2）原料不同　摩卡咖啡是由意大利浓缩咖啡、巧克力酱、鲜牛奶和牛奶混合而成的；拿铁咖啡是意大利浓缩咖啡与牛奶的经典结合。

（3）**口感的区别**　摩卡咖啡是在普通咖啡的基础上加入了巧克力碎和新鲜奶油，口感比较柔滑，味道香甜；拿铁咖啡的咖啡分量比较重，味比较苦。

（4）**制作方式不同**　摩卡咖啡会在咖啡上面淋上一圈巧克力酱作为装饰；而拿铁咖啡则是通过牛奶打发的奶泡来进行拉花。

知识点二　器具与原料

1.器具

（1）咖啡机；

（2）磨豆机；

（3）奶缸；

（4）压粉器；

（5）摩卡壶（图4-2-1）；

（6）咖啡杯；

（7）咖啡勺；

（8）清洁毛巾。

2.原料

（1）咖啡豆适量；

（2）全脂牛奶200毫升；

（3）鲜奶油适量（图4-2-2）；

（4）巧克力糖浆适量（图4-2-3）。

图4-2-1　摩卡壶

图4-2-2　鲜奶油

图4-2-3　巧克力糖浆

M4-2 制作咖啡摩卡

知识点三　做法

1.制作标准意式浓缩咖啡

按照取豆、磨粉、布粉、压粉、萃取的标准意式浓缩咖啡操作流程制作意式浓缩咖啡，并盛放于量杯中备用（如图4-2-4所示）。

图4-2-4　制作标准意式浓缩咖啡

2.加入巧克力糖浆和意式浓缩咖啡

将适量巧克力糖浆倒入摩卡咖啡杯杯底，然后加入意式浓缩咖啡（如图4-2-5、图4-2-6所示）。

图4-2-5　加入巧克力糖浆　　　　图4-2-6　加入意式浓缩咖啡

3.充分混合巧克力糖浆和意式浓缩咖啡

用咖啡勺顺着同一方向将浓缩咖啡与巧克力糖浆搅拌均匀，使巧克力糖浆完全融入浓缩咖啡里（如图4-2-7所示）。

图4-2-7　充分混合巧克力糖浆和意式浓缩咖啡

4.加入牛奶和鲜奶油

倒入打发起泡后的牛奶至咖啡杯8分满,并以螺旋形式,由外向内加入打发后的鲜奶油,鲜奶油要略微高出咖啡杯口(如图4-2-8、图4-2-9所示)。

图4-2-8　加入牛奶

图4-2-9　加入鲜奶油

5.造型装饰

添加一些肉桂棒调味并削一些巧克力碎作装饰(或者直接挤上巧克力酱也可以)(如图4-2-10所示)。

图4-2-10　造型装饰

特点： 摩卡咖啡既有意大利浓缩咖啡的浓烈，又有巧克力的甜美，更融合了牛奶的柔滑。

按照所学步骤，根据配料和器具的使用要求，在3分钟内制作一杯标准的摩卡咖啡，保证咖啡出品的一次性，并通过练习逐渐探寻摩卡咖啡的最佳风味。

（1）准备器具及原料：咖啡机、磨豆机、摩卡壶、奶缸、压粉器、咖啡杯、咖啡勺、清洁毛巾；咖啡豆适量、全脂牛奶200毫升、鲜奶油适量、巧克力糖浆适量。

（2）在咖啡磨豆机中倒入咖啡豆并将其研磨成中细程度的咖啡粉，将大约7克咖啡粉装入煮制扳手中弄平。

（3）咖啡粉弄平以后，用压粉器从上面轻压一次，使咖啡粉均匀地平铺在煮制扳手中。

（4）抬起煮制扳手，再用压粉器使劲旋转重压一次，直至将咖啡粉压平压实。

（5）轻轻地把煮制扳手拧到咖啡机上，使煮制扳手与咖啡机水平呈90°角，然后按下煮制按钮，从按下按钮的那一刻起开始计算，时间为18～30秒，即可得到约1盎司的意大利特浓咖啡。

（6）将全脂牛奶倒入不锈钢奶缸中约5分满。

（7）将咖啡机蒸汽管打开空喷一下子，清掉管内残留的热水后便可以打奶了。将蒸汽管的最前端深入牛奶的1/3处，并将蒸汽慢慢打开，这时将奶缸慢慢倾斜往下挪，找到能使牛奶形成漩涡的点，这时发出"嗤嗤"的响声，说明奶泡正在形成。

（8）等到牛奶的温度达到65℃左右的时候奶就打好了，然后关闭蒸汽管。

（9）在透明的摩卡杯底部注入60毫升的巧克力酱。

（10）将打发好的热牛奶缓慢地顺着杯壁倒入摩卡杯中形成分层。

（11）把热牛奶注入摩卡杯的7分满，然后再在上面盖一层厚厚的奶沫，将事先做好的特浓咖啡缓慢地从杯中央注入杯中，使牛奶和咖啡形成第二次分层，最后在上面盖上一层薄薄的奶沫做装饰，这样一杯摩卡就做好了。

（12）也可以用焦糖、肉桂或砂糖作顶部装饰。彩糖粒和樱桃也可以。

（13）品鉴和总结：通过看、闻、品三个步骤，总结制作而成的摩卡咖啡的风味。

1. 最好在打发的奶油上面撒上可可粉，这样看起来更有摩卡的感觉；
2. 注意不要过度加热；
3. 小心烫伤。

几种常见冰摩卡咖啡制作方法

1. 制作一杯摩卡冰沙

原料：

（1）浓缩咖啡（一人份）；

（2）香草冰淇淋三大匙；

（3）巧克力糖浆适量；

（4）碎冰块适量；

（5）牛奶适量；

（6）鲜奶油适量。

制作方法（一人份）：

（1）将适量冰块放入冰沙机，再将浓缩咖啡倒入；

（2）倒入巧克力糖浆适量；

（3）将香草冰淇淋加入，可增加甘甜风味，可依个人喜好增减；

（4）加些碎冰块，搅拌20～30秒；

（5）倒入玻璃杯后，加入适量发泡鲜奶油及巧克力糖浆。

2. 制作一杯卡尔亚冰咖啡

原料：

（1）冰咖啡120毫升；

（2）果糖30毫升；

（3）白汽水100毫升；

（4）鲜奶油适量；

（5）白柑香酒7毫升；

（6）巧克力薄片少许。

制作方法：

（1）咖啡煮好，加入果糖搅拌，冷却备用；

（2）杯中倒入白柑香酒，再倒入冰咖啡和白汽水；

（3）挤上一层鲜奶油，加入巧克力薄片。

3.制作一杯彩虹冰咖啡

原料：

（1）冰咖啡120毫升；

（2）蜂蜜15毫升；

（3）鲜奶油适量；

（4）红石榴汁10毫升；

（5）草莓冰淇淋1小球；

（6）碎冰160克；

（7）红樱桃1颗。

制作方法：

（1）咖啡煮好，冷却备用；

（2）将蜂蜜加入咖啡中，以酒吧长勺轻轻搅拌；

（3）倒入红石榴汁；

（4）将碎冰倒入杯中，再倒入冰咖啡；

（5）挤上一圈鲜奶油，加上草莓冰淇淋，放上红樱桃。

4.制作一杯拉丁冰咖啡

原料：

（1）冰咖啡120毫升；

（2）果糖30毫升；

（3）鲜奶油适量；

（4）绿薄荷酒30毫升；

（5）碎冰180克。

制作方法：

（1）咖啡煮好，加入果糖搅拌，冷却备用；

（2）将碎冰倒入杯中，再倒入冰咖啡；

（3）挤上一层鲜奶油，淋上绿薄荷酒。

5.制作一杯伊甸园冰咖啡

原料：

（1）冰咖啡120毫升；

（2）果糖30毫升；

（3）白兰地酒5毫升；

（4）鲜奶油适量；

（5）绿薄荷酒30毫升；

（6）碎冰180克；

（7）棉花糖3~4个；

（8）巧克力糖浆少许。

制作方法：

（1）咖啡煮好，加入果糖搅拌，冷却备用；

（2）将碎冰倒入杯中，再倒入冰咖啡和白兰地酒；

（3）挤上一层鲜奶油，加上棉花糖、巧克力糖浆。

SCA

SCA是由SCAA（美国精品咖啡协会）和SCAE（欧洲精品咖啡协会）合并而成的。

美国精品咖啡协会（SCAA，Specialty Coffee Association of America）是世界上最大的咖啡贸易协会，是一个专注于优质咖啡的贸易组织。

SCAA成立于1982年，协会的会员有三千多个，遍布全球40多个国家，涵盖了咖啡行业的众多领域，其中包括咖啡种植商、咖啡设备制造商、咖啡烘焙商以及各类咖啡贸易商。SCAA致力于为追求咖啡"从种子到杯子"的卓越品质，并以优质咖啡的可持续发展，提供了一个共同的平台，建立咖啡的质量标准，规范对咖啡专业人员技艺的认证标准。

其主要功能包括：在咖啡行业内设定和维护咖啡质量标准；对咖啡、咖啡设备和以完善咖啡手工艺为目的开展调查研究；同时协会还为其会员提供咖啡教育、培训、资源和商业服务；由SCAA确定的咖啡师评定标准和所颁发的咖啡师证书是世界上最权威的咖啡师认证之一。

欧洲精品咖啡协会（SCAE，Specialty Coffee Association of Europe）于1988年在伦敦成立，是一个横跨全球90余国家的非营利性组织，成立的宗旨在于改善咖啡行业品质，推广优质的咖啡文化，定期举办世界性的咖啡比赛，将精品咖啡面向全世界普及教育与交流，不断激励全球咖啡行业标准的高度。依据此标准，SCAE的证书课程以及咖啡文凭计划应运而生。

而后，两大精品咖啡协会就开始协商合并，希望能联手成为全球最专业、最具权威代表性的精品咖啡协会，在2016年8月宣布合并之后的机构名称改为SCA，并且在2017年初正式上线，成为全新的咖啡协会。

岗位实训

（1）按照所学步骤，根据配料和器具的使用要求，在2～3分钟制作一杯标准的摩卡咖啡，保证咖啡出品的一次性，并通过练习逐渐探寻摩卡咖啡的最佳风味。

（2）根据个人喜好，结合所学知识，在3分钟内制作一款独具个性的冰摩卡咖啡，在保证咖啡出品一次性的同时追求独特的风味。

自我评价

通过学习本任务：_____。
我学到了_____
_____。
其中我最感兴趣的是_____
_____。
我掌握比较好的是_____
_____。
对我来说难点是_____
_____。
我将通过以下方法来克服困难，解决难点：_____
_____
_____
_____。

模块五

多器具咖啡制作

多器具咖啡制作是指利用多种磨制、煮制、品尝咖啡的器具制作咖啡。较有特色的咖啡器具有滴滤式咖啡器具、蒸汽加压咖啡器具、虹吸式咖啡器具、浓缩咖啡器具、直桶形的浓缩咖啡器具等，每种器具冲出来的咖啡风味各异，操作的难易度也不尽相同。

任务一　手冲壶咖啡制作

学习目标

● 知识目标

1. 理解手冲壶咖啡的萃取原理；
2. 理解水温、研磨度、粉水比例对萃取的影响；
3. 掌握咖啡的萃取率与浓度的测算方法。

● 能力目标

1. 能够甄别咖啡豆烘焙程度及其对萃取的影响；
2. 能够掌握手冲壶咖啡的操作技能。

● 素质目标

1. 树立热爱咖啡的情怀，践行咖啡师精益求精的工匠精神，发展创新创业，获得精湛的手冲咖啡制作技能的核心素养；
2. 在国际化工作环境中展现咖啡师职业精神和职业规范，具有民族自信和民族自豪感。

任务描述

掌握手冲壶咖啡的基础知识和操作技能，理解手冲壶咖啡的萃取原理，掌握手冲壶咖啡的萃取技能。

任务要求

1. 上课当日饮食宜清淡，忌重油重辣，准备好一次性勺子、纸巾；
2. 准备好滤杯、磨豆机、咖啡豆、手冲壶、滤纸、温度计、电子秤等器具，用于手冲咖啡演示；
3. 在教师引导下共同分析水温、研磨度、粉水比例、注水时间对萃取的影响；
4. 进行实践操作，完成一杯手冲咖啡。

知识点一　基本原理

"手冲咖啡"在制作原理上属于滴滤式咖啡制作的范畴,其最本质的制作原理在于:通过注入水,让咖啡颗粒在水流的冲力下进行翻滚,从而释放出咖啡物质。其制作过程最佳的状态在于:注水时,所有的咖啡颗粒均在溶液的最上层,当所有的颗粒都浮在上方的时候,就会在底部产生一个过滤层,将咖啡液通过滤孔过滤到咖啡壶内。这个过程包括两个阶段:闷蒸、萃取,这两个阶段接续发生且互相影响,最后产生咖啡的风味。

闷蒸:是指前段注水时,高温的水进入咖啡粉内孔隙,使其中气体排出,以利后续萃取的过程。

萃取:咖啡粉中的可溶物溶解在热水中的过程,这是最重要的一步,决定萃取出咖啡的风味。

一颗咖啡豆由70%不可溶解的纤维素组成,另外30%是一些可溶的物质,在碰到水后会依物质的大小依序被溶出来。最先被溶出来的物质包括酸质和香气,例如花香、柑橘酸等;然后是甜味物质如果汁甜、蜜糖、黄糖的甜感等;最后是大分子的焦苦味,咖啡不同层次的味道就是这么来的。因此,如果喜欢较香甜的味道,萃取的时间就要短一些,因为热水停留在咖啡粉上越久,越多苦味物质就会被溶出来。

要想冲出一壶好咖啡,还要重视固定萃取的可控制因素,也就是"萃取率"。"萃取率"是将咖啡粉中的物质(多种香气)溶解于水中的比率。咖啡的最大萃取率只有30%,可绝大多数情况,咖啡的萃取率都不可能这么高,萃取率越高,液体喝到的口感风味相对也越复杂;而萃取率越低,则反之。

制作一杯品质上乘的手冲咖啡的关键点在于"如何让热水在最早的时间冲到底部,让所有的咖啡颗粒都浮在表面;水流的大小及注入热水的时间也至关重要"。

知识点二　专用器具

1.手冲壶

手冲壶常见材质有不锈钢、珐琅和铜制,不锈钢最为常见。手冲壶设计的关键在于壶颈与壶嘴,壶颈粗细、壶嘴的大小和弯曲度将直接影响手冲法的表现方式，从而展现咖啡的不同风味。常见种类为以下三种：

细口壶：口壶均为平切式，流量容易控制，较适合新手选用（图5-1-1）。

宽口壶：适合操作娴熟者使用。因开口宽、出水的水柱大，力道不易拿捏。然而在水流大小上有着较多的变化，可以通过改变注水手法，营造不一样的风味（图5-1-2）。

鹤嘴壶：因壶嘴弯曲的角度形似鹤嘴而得名。流量好掌控，注水手法可多做变化，不过还是需要掌控练习（图5-1-3）。

图5-1-1　细口壶　　　　图5-1-2　宽口壶　　　　图5-1-3　鹤嘴壶

2.手冲壶的使用功能和作用

（1）**壶身**：盛放热水。

（2）**手柄**：方便拿放。

（3）**壶盖**：防止水外漏，加热释压。

（4）**壶嘴**：水平稳流出。

（5）**滤杯**：支撑滤纸，常见的滤杯主要分为三种：锥形滤杯、梯形滤杯以及平底滤杯。

锥形滤杯：倒三角形设计，使粉与水接触的面积较不规则，通常流速较快，水会由冲刷的方式将咖啡萃取出来。由于杯壁与底部通常呈一定角度，粉层集中在中间部分，易有萃取不均或不足的情况，通常需要借助注水技巧（图5-1-4）。

梯形滤杯：也叫扇形滤杯，有单孔和三孔设计，流速都比锥形滤杯慢，偏向于浸泡式萃取，对于温度控制很是平稳，冲泡出来的咖啡味道更为厚实，不过很容易萃取过度（图5-1-5）。

平底滤杯：采取平底构造，粉与水的接触面积大，可以很均匀地萃取。但也因出水孔径小，冲煮时流速较慢，同样需要避免萃取过度的状况（图5-1-6）。

图5-1-4　锥形滤杯　　　　图5-1-5　梯形滤杯　　　　图5-1-6　平底滤杯

滤杯内部有条状的凸起设计，称为肋骨或是导流槽，它有两个作用：

一是可以引导水流，降低水流速度，从而进行更好的萃取；

二是肋骨能够让滤纸与滤杯之间保留适当的空隙，利于水流流通和二氧化碳的释放，提升萃取的均匀度。

（6）**滤纸**：过滤咖啡粉。早期的手冲咖啡都是以法兰绒为主要过滤工具，因为使用和保养的不方便，而渐渐不被使用，取而代之的是现今所常见的纸质滤纸。纸质滤纸能为手冲咖啡带来更干净、更全面的风味呈现。

从颜色区分：分为褐色滤纸（未漂白滤纸）和白色滤纸（漂白滤纸）。

从滤纸的形状区分：分为锥形、扇形和波浪形。锥形：适用于锥形滤杯（图5-1-7）。扇形：适用于扇形滤杯（图5-1-8）。波浪形：适用于波浪滤杯（图5-1-9）。

图5-1-7　锥形滤纸

（7）**分享壶**：用于盛放咖啡（图5-1-10）。

图5-1-8　扇形滤纸　　　　图5-1-9　波浪形滤纸　　　　图5-1-10　分享壶

3.手冲壶制作咖啡的优缺点

优点：

（1）较能凸显咖啡丰富的香气与风味，成为冲煮单品咖啡的首选方法；

（2）滤纸会吸附萃取出来的油脂，萃取的咖啡口感更为纯净；

（3）以注水方式萃取，速度会比浸泡式冲煮法更快。

缺点：

（1）手冲过程可能产生通道效应，造成萃取不均；

（2）手冲咖啡很难复制每次萃取结果。

M5-1 手冲咖啡制作

知识点三　操作演示

温壶—研磨—注水—闷蒸—冲煮完成—分享

第一步：温壶。将下壶温热（如图5-1-11所示），其目的是不使咖啡降温太快，尤其是在温度较低的环境中。

第二步：研磨。将15克咖啡豆研磨成砂糖状（如图5-1-12所示），研磨度为中度。

图5-1-11　温壶　　　　　　　　图5-1-12　研磨

第三步：注水。将折叠好的滤纸置于滤杯中，冲洗滤纸并让滤纸与滤杯贴紧，将滤纸上的杂物及杂味冲洗掉（如图5-1-13所示），便于萃取。

第四步：闷蒸。将咖啡粉放入滤杯中后注水，从中心画圆（如图5-1-14所示），注水量以浸湿滤纸中全部的咖啡粉为准，闷蒸25秒。

图 5-1-13　冲洗滤纸　　　　　　　图 5-1-14　注水和闷蒸

第五步：冲煮完成。当咖啡膨胀到极点时（如图 5-1-15 所示），开始冲煮，保持注水量与流水量平衡（如图 5-1-16 所示），水流不要过快，也不要过慢，让滤杯中的咖啡粉的位置保持不动，不要上浮或下沉太多。萃取量在 250 毫升左右的咖啡，适时停止注水。

图 5-1-15　咖啡膨胀到极点　　　　图 5-1-16　冲煮

第六步：分享。取下滤器，用分享壶斟倒咖啡至咖啡杯中（如图 5-1-17 所示），手冲咖啡制作完成。

图 5-1-17　分享

使用手冲壶制作一杯咖啡，掌握手冲壶咖啡制作的操作流程，以及影响咖啡萃取过程的因素。

1. 准备工作

（1）**准备器具及原料**

器具用品：磨豆机、手冲壶、咖啡杯、滤杯、滤纸、分享壶。

辅件：温度计、电子秤。

原料：咖啡豆、水。

（2）**折叠滤纸**　将滤纸折叠成密封漏斗状，将其放入滤杯，平整地贴紧滤杯。

（3）**准备热水**　以每杯180～200毫升计算水的分量，用手冲壶把水烧至沸腾。

（4）**温杯**　将少量热水倒入滤杯及分享壶至温热后倒出。

2. 咖啡研磨

（1）**调研磨度**　调整磨豆机至中等研磨度（刻度为3～4）。

（2）**磨豆**　用勺取咖啡豆12～15克，磨至砂糖颗粒大小。

3. 咖啡冲泡

（1）**装咖啡粉**　将咖啡粉倒入滤杯，并轻拍滤杯侧面使咖啡粉表面略平。

（2）**咖啡闷蒸**　将手冲壶嘴靠近滤杯边缘，由滤杯中心点开始注水，以中心绕至外围再绕回中心，浸湿所有咖啡粉后停止，注意水量不要太多。这时咖啡粉表面会产生白色气泡，并开始如同蘑菇般膨胀。

（3）**咖啡萃取**　待水温降至85℃左右后，拉高水位，以较大一点的水柱注水，先从中心点由内而外绕3～4圈，再由外而内绕3～4圈，让水柱的力量带动咖啡粉搅拌、翻滚。注水量180～200毫升，注水时间10～15秒。注水完成后再静置10～15秒，等到表面泡沫逐渐消失时，开始第三次注水，放低水位，以轻柔力道注水。原则上由内而外或由外而内都可以，绕完3～4圈即可。注水量80～100毫升，注水时间5～10秒。萃取到预定容量后移开滤器，完成萃取。

4.咖啡制作完成

（1）咖啡出品　取下滤器，用分享壶斟倒咖啡至咖啡杯八分满，按咖啡调制份数准备好温热的咖啡杯。

（2）咖啡品尝与总结　品尝并总结手冲咖啡的风味及操作要点。

萃取率的计算方法

咖啡浓度：表示一杯咖啡里，"萃取出的咖啡物质"占总咖啡液体的比例（主体是咖啡液）。

萃取率：表示"萃取出的咖啡物质"占总咖啡豆重量的比例（主体是咖啡豆或咖啡粉）。

根据以上条件得出：

咖啡液浓度=萃取的咖啡物质重量÷咖啡液重量

咖啡萃取率=萃取的咖啡物质重量÷咖啡豆（粉）重量

合并上述公式得出：

咖啡萃取率=咖啡液浓度×咖啡液重量÷咖啡豆（粉）重量

通过浓度仪得知咖啡液的浓度即可计算出咖啡的萃取率。不过要注意的是咖啡粉本身会吸收两倍的水量，所以：

咖啡液重量=注水量−2×咖啡豆（粉）重量

举例：若使用15克咖啡粉以1∶16的粉水比例冲煮咖啡，通过浓度仪测出其浓度为1.37%，那么本次咖啡的萃取率为1.37%×（240−2×15）÷15=19.18%

因此，"适当的萃取率"就意味着这是一杯具有平衡口感的好咖啡，要冲出一壶好咖啡，要从下面这三个数据指标下手，分别是："水温""咖啡粉研磨粗细""粉水比"。

1.水温

众所周知，通常温度越高的水，糖也更容易溶解在其中，这跟"溶解率"有关，而咖啡也是如此，要将咖啡粉的物质萃取更完全，提高温度是一种有效的做法。一般来说，我们可以固定用90℃作为基础温度，若是苦味太强，可以稍降这个温度；而一般咖啡的温度为83～96℃，都是很好呈现风味的温度范围。

水温高=风味多,苦味加强,酸感明显。
水温低=风味平,苦度减弱,甜感较佳。

2.咖啡粉研磨粗细

咖啡粉的研磨粗细关系着粉与水的接触面积,若研磨越细,与水接触的面积就越大,能溶解的咖啡物质就越多。一般来说"意式咖啡"会将咖啡粉研磨得很细(像糖粉、面粉般细致),但"手冲"与"虹吸壶"的研磨粗细通常就会在细砂糖般的大小,初学者可以此作为参考。

研磨细=风味多,苦味加强,酸感明显。
研磨粗=风味平,苦度减弱,甜感较佳。

3.粉与水的比例(粉水比)

粉水比例,即咖啡粉与总注水量的比例。冲煮闷蒸时会吸收部分的水,所以最后萃取出来的咖啡液会比总注水量要少。不同的咖啡豆根据豆质、研磨度,吸水率都会有所不同,一般是咖啡粉量的1.5～2倍,例如15克咖啡粉需要注入30克水,此时咖啡粉可能会吸收22.5～30克的水量,滴落在壶中的咖啡液最多也就是7.5克。第一段吸收水分后,后面注入195克的水都会完全通过咖啡粉层,所以最后萃取出来的咖啡液重量为195～202.5克。15克咖啡粉萃取出195～202.5克的咖啡液,粉液比例为(1∶13)～(1∶13.5)。

计算粉水/粉液比例是为了更好地让冲煮者知道在这样的研磨度、水温下注入定量的水或萃取定量的咖啡液,能更好呈现出这支咖啡豆的风味,同时也能保证每一次冲煮品质与浓度的稳定。

粉水比小=风味多,苦味加强,酸感明显。
粉水比大=风味平,苦度减弱,甜感较佳。

什么是精品咖啡？

精品咖啡（Specialty Coffee）也叫作"特种咖啡""精选咖啡"。它是指由在少数极为理想的地理环境下生长的具有优异味道特点的生豆制作的咖啡。

一、起源与现状

精品咖啡一词最早是由美国的努森女士在《咖啡与茶》杂志上提出的，当时努森女士作为B.C.Ireland公司在旧金山的咖啡采购员，她对于行业内忽视咖啡生豆质量，甚至一些大的烘焙商在综合豆中混入大量罗伯斯塔豆的现状非常不满，所以提出了精品咖啡的概念倡导行业质量提高。这一术语用来形容那些生长在特殊环境下的具有显著味道特点的咖啡豆。而其在国际咖啡会议上的使用则使它迅速传播开来。

在美国出现了以星巴克为代表的追求精品咖啡的企业和店面，精品咖啡的市场不断发展，20世纪90年代，随着精品咖啡零售商和咖啡馆的迅速增多，精品咖啡成为餐饮服务行业增长最快的市场之一，2007年仅在美国就达到125亿美元。精品咖啡已成为上升最快的咖啡市场。全世界的咖啡生产国和进口国都意识到精品咖啡市场的巨大潜力，而不断地向精品咖啡生产和制作方面努力。

二、判断标准

国际社会上并没有明确的精品咖啡判断标准，下面以美国精品咖啡协会的标准和咖啡生产国的基本标准稍作说明。

1. 美国精品咖啡协会标准

（1）**是否具有丰富的干香气（fragrance）** 干香气是指咖啡烘焙后或者研磨后的香气。

（2）**是否具有丰富的湿香气（aroma）** 湿香气是指咖啡萃取液的香气。

（3）**是否具有丰富的酸度（acidity）** 酸度是指咖啡的酸味，丰富的酸味和糖分结合能够增加咖啡液的甘甜味。

（4）**是否具有丰富的醇厚度（body）** 醇厚度是指咖啡液的浓度与重量感。

（5）**是否具有丰富的余韵（aftertaste）** 余韵是指根据喝下或者吐出后的咖啡风味如何作评价。

（6）**是否具有丰富的滋味（flavor）** 滋味是指以上腭感受咖啡液的香气与味道，了解咖啡的滋味。

（7）味道是否平衡　是指咖啡各种味道之间的均衡度和结合度。

2.生产国评价标准

（1）精品咖啡的品种　以阿拉比卡固有品种帝比卡或者波旁品种为佳。

（2）栽培地或者农场的海拔高度、地形、气候、土壤、精制法等　一般而言海拔高度高的咖啡品质较高，土壤以肥沃火山土为佳。

（3）采用采收法和精制法　一般而言采用人工采收法和水洗式精制法为佳。

岗位实训

分小组练习手冲咖啡。模拟工作场景，向客人介绍手冲咖啡的来历以及特点。其他同学对调制过程及制作后的咖啡进行观察和评价。

自我评价

通过学习本任务：_____。

我学到了_____

_____。

其中我最感兴趣的是_____

_____。

我掌握比较好的是_____

_____。

对我来说难点是_____

_____。

我将通过以下方法来克服困难，解决难点:_____

_____

_____

_____

_____。

任务二　虹吸壶咖啡制作

学习目标

● **知识目标**

1. 了解虹吸壶的基本工作原理；
2. 了解虹吸的专用器具。

● **能力目标**

能够熟练使用虹吸壶制作咖啡。

● **素质目标**

1. 通过学习虹吸壶咖啡的制作过程，培养职业规范；
2. 通过熟练掌握虹吸壶咖啡制作技能、创意咖啡的表现手法，培养精益求精、勇于创新的工匠精神。

任务描述

掌握虹吸壶的基本工作原理，专用器具、操作步骤以及注意事项等知识和技能，熟练使用虹吸壶制作咖啡。

任务要求

1. 上课当日饮食宜清淡，忌重油重辣，准备好一次性勺子、纸巾；
2. 准备好虹吸壶、滤布、咖啡粉、纯净水、卤素灯、搅拌棒、计时器、拧干的湿抹布等器具，用于虹吸壶咖啡制作演示；
3. 在教师引导下共同分析咖啡豆研磨度、水温、萃取时间对虹吸咖啡风味的影响；
4. 进行实践操作，完成一杯虹吸咖啡的制作。

知识点一　基本原理

虹吸壶（syphon）属于虹吸咖啡器具。冲煮出来的咖啡比较醇厚，风味较为统一。这种冲煮方式特别具有观赏性。

固定体积下，虹吸壶加温后沸水产生蒸汽后升压，下壶压力将沸水经由玻璃柱管压入上层，接着利用浸泡的原理萃取咖啡。

萃取完成后，移开热源，下壶降温后使下层压力下降，呈趋向真空的状态，用以吸取上层已煮好的咖啡，并且用上壶的滤器过滤咖啡渣（图5-2-1）。

图5-2-1　虹吸壶基本原理

 ## 知识点二　专用器具

1.虹吸壶

虹吸壶又称赛风壶或真空壶，是利用虹吸原理来冲煮咖啡的器具，分直立式、平衡式（比利时壶）两种（图5-2-2）。

2.虹吸壶的结构组成

虹吸壶主要由上壶、下壶、加热装置、过滤装置四部分构成，辅件包括突沸链和搅拌棒（图5-2-3～图5-2-7）。

图5-2-2　虹吸壶

图5-2-3　上壶　　　　　图5-2-4　下壶　　　　　图5-2-5　加热装置

图5-2-6　突沸链以及过滤装置　　　　图5-2-7　搅拌棒

上壶：由上壶身、壶盖构成。

下壶：由玻璃壶身、手柄及固定底座构成。

3.虹吸壶各器件的使用功能和作用

上壶：用于盛咖啡粉。

下壶：用于盛水。

加热装置：常见的加热装置有酒精灯、瓦斯炉或卤素灯。在热源的使用上，先利用大火促使下壶内的热水吸入上壶，再转成中火、小火进行咖啡的萃取，调节火力大小对虹吸壶的萃取是至关重要的。

过滤装置：过滤网（一般为金属滤网）包裹一层法兰绒材质的滤布，目的是过滤咖啡残渣。每次使用前都要用热水冲洗一下，以去除异味。过滤装置使用后一定要及时清洁，不用时可以晾干或者放入干净的水中浸泡冷藏。

突沸链：安装在弹簧端，将过滤装置钩在上壶的下方开口处的一小串珠链就是突沸链。下壶里垂挂一条突沸链，可以防止上壶插入下壶时产生突沸，而且加热时，突沸链附近更容易产生小气泡，比较方便以目测的方式确认水的加热状态。

搅拌棒：用来将结块或浮在水面上的咖啡粉拍进水里，与热水充分结合。材质常见的有竹制与木制两种。

虹吸壶的清洗与保养

1.使用后，首先，将加热装置熄灭，移动至安全的地方。

2.其次，将下壶的咖啡先全部倒入分享壶（容器）中，用热水冲刷下壶，重复3次以上，之后盛满热水浸泡2小时。

3.接下来，清洁上壶。把上壶倒放，轻轻拍打玻璃壁，把里面大量的咖啡渣倒出，用清水将里面剩余咖啡渣冲洗干净。倒放状态拔出过滤网，并用水冲洗细管，这样可以避免咖啡渣流进细管。用布擦拭内玻璃壁。

4.然后，清洗过滤法兰绒。用清水洗干净后拆卸下来，用冰水保存好法兰绒，下次可以继续使用。

5.最后，晾干保存。把下壶的热水倒掉，拆卸支架，把下壶反过来固定，下面记得放个小容器接水。上壶可以放在晾架上风干。

6.下次再使用的时候建议空煮一次虹吸壶，加热消毒。

4.虹吸壶的选择

（1）**玻璃的质量**　挑选虹吸壶最重要的就是玻璃的质量，要选择使用高压制作的玻璃，既要耐高温，又要能够承受住高低温差。如果质量低劣，容易引起爆炸。

（2）**上下壶的密封性**　在选购虹吸壶的时候，要注意上下壶的密封性，重点要看上壶橡胶圈的质量。如果上下壶的密封性不好，会出现水上不去或者是水上到上壶的速度变慢。

（3）**上壶的宽度**　虹吸壶的造型很多。就制作咖啡口感而言，建议选择上壶宽度相对窄的虹吸壶。上壶窄，粉层分布得比较厚，搅拌时不容易将粉层搅散，容错率相对较高。

5.虹吸壶制作咖啡的优缺点

优点：虹吸壶做出来的咖啡口感醇厚，气味悠久留存；虹吸壶颜值复古，不用的时候可当作装饰摆设。

缺点：准备工作和清洁比较复杂；用酒精灯等作为加热装置，较危险。

知识点三　操作演示

安装滤布—下壶装水—加热—倒粉—搅拌—关火—制作完成、品尝

M5-2 虹吸壶咖啡制作

第一步：安装滤布（如图5-2-8所示）。滤布的金属挂钩务必垂直，不可歪曲搅卷在一起，否则会造成受热不均等问题。金属链最下端的钩要勾在上壶导管的尾端，以固定滤布。

图5-2-8　安装滤布

1.滤片要安装在上壶底部正中央，以保证咖啡制作的口感。若发生偏移，要及时用搅拌棒对其进行调整。

2.安装金属挂钩时，注意动作轻柔。不要用力地突然放开钩子，以免损坏上壶的玻璃管。

第二步：下壶装水。水必须要用无杂质的纯净水或软化后的水。水量根据需求添加，按照粉水比（1∶12）～（1∶15）来进行制作。

第三步：加热（如图5-2-9所示）。上壶先斜插入下座，使铁链浸泡在下壶的水里。将卤素灯调至最大，对下壶进行持续稳定的加热。观察到突沸链附近有密集连续的小气泡产生时，将上壶扶正。此时，由于压力差的作用，下壶的水被"挤进"上壶中。在此期间可以通过搅拌棒对上壶的水进行搅拌，形成漩涡，使水温稳定。待水完全升至上壶后，将火调至中低挡。

图5-2-9 加热

1.加热前请先确定下壶有擦干,避免开始加热后,受热不均而导致下壶破裂。

2.斜插是为了让上下壶之间产生缝隙,避免在加热的过程中,还没有加热完全的水先"跑"到上壶中去了,导致萃取的水温不足。

3.扶正上壶后,下壶中的水会逐渐转移到上壶中。但是底部总有一点水抽不上去,这点水可以防止干烧而造成壶裂,注意不要倒掉。

第四步：倒粉。倒入磨好的咖啡粉,用搅拌棒左右拨动,把咖啡粉均匀地拨开至水里（如图5-2-10所示）。此时开始计时。正确动作是将搅拌棒左右方向拨动,将浮在水面的咖啡粉压进水面以下。此时油脂和粉并未分层,将咖啡的香气闷在里面,形成"闷蒸"状态。

图5-2-10 倒粉

1. 调整火力至水柱稳定而上壶无大气泡产生，进行投粉。
2. 搅拌棒拨动时，勿刮到底部过滤网。

第五步：搅拌（如图5-2-11所示）。计时器到30秒时，对其进行第一次搅拌。搅拌动作要轻柔，方向要一致。搅拌圈数不可过多。此时可以看到油脂与粉层有明显的分层。

图5-2-11　搅拌

1. 搅拌棒于煮沸中途勿沾其他水分再拿回去拨动。
2. 搅拌原则上是朝一个方向搅，也可以使用十字交叉的手法，根据个人喜好制作即可。

第六步：关火（如图5-2-12所示）。煮至60秒，熄火，等待虹吸现象，咖啡流回下壶。液面下降时，搅拌咖啡粉层，形成漩涡。待咖啡全部流下后，可以看到小山丘形状的咖啡渣。

拿事先准备好的（已拧干的）略湿抹布，由旁边轻轻包住下壶侧面，加速回流。勿使湿布碰触到下壶底部火源接触的地方，以防止下壶破裂。

图5-2-12 关火

第七步：制作完成、品尝。咖啡被吸至下壶后，一手握住上壶，一手握住下壶握把，轻轻左右摇晃上壶，即可将上壶与下壶拔开（如图5-2-13所示）。轻摇下壶的咖啡，使之充分混合均匀后，把咖啡倒进温杯过的咖啡杯，享受香醇咖啡吧！

图5-2-13 将上壶与下壶拔开

1. 拔开上座时要朝右斜回正往上拔，切勿太过用力。
2. 咖啡杯需要预先温杯。

制作一杯粉水比在1∶15之间的虹吸单品咖啡，要求口感醇厚，气味悠久留存。

等级划分：G1（瑕疵豆数量不多于3个/300克）

品种：埃塞俄比亚原生种（Heirloom）

处理方式：水洗

研磨度：比手冲略细即可

水温：80～92℃之间

咖啡粉：14克

粉水比：1∶15

用水量：210毫升

（1）准备器具及原料。包括虹吸上下壶、滤布、咖啡粉、纯净水、卤素灯、搅拌棒、计时器、拧干的湿抹布等器具。

（2）磨咖啡粉14克，咖啡磨至白砂糖大小。

（3）安装滤布，擦干玻璃外壶。

（4）下壶加水至210毫升左右。

（5）打开卤素灯，调至最高档，开始加热。

（6）等待加热的同时，将上壶斜插入下壶中。

（7）下壶突沸链附近出现小泡泡时，将上壶完整插入下壶，并确认是否紧密贴合。

（8）下壶水升至上壶，搅拌水面形成漩涡。

（9）待下壶水完全上升后，调小热源挡位，倒入咖啡粉，用搅拌棒将咖啡粉轻轻压入水中，并进行搅拌。

（10）30秒后再次搅拌。

（11）1分钟时，将热源撤离，使上壶的咖啡流回下壶。液面下降时，搅拌咖啡粉层，形成漩涡。

（12）待上壶的咖啡都完全流回下壶后，将上壶轻推带拔地使上下壶分离。

（13）轻摇下壶咖啡，使之混合均匀后，将咖啡倒入预先温好的咖啡杯，享用咖啡。

（14）品尝和总结：通过看、闻、品三个步骤，总结虹吸单品咖啡的风味及制作过程和操作要点。

虹吸壶搅拌方法

熟练掌握了虹吸壶的基本操作方法之后，要想进一步地提升使用虹吸的水准，搅拌起到重要的作用，不同的搅拌会让咖啡的风味发生微妙的变化。搅拌棒的握法是以搅拌棒为轴，像拿笔似的，以拇指、食指，2根手指拿着搅拌棒。

常用的搅拌手法包括以下几种：

1. 下压法

下压法是指将原来漂浮在水上的咖啡粉压下去，让粉与水能够亲密接触。下压时让搅棒的一端沿着上壶壶壁下滑，把粉慢慢地压入水面即可，不要压到底。下压法的核心是安静，心里要有一种不要打扰到咖啡萃取的心态才能把这种手法发挥出来。这种手法一般用在水刚刚上升到上壶时，即第一次搅拌。

2. 搅拌法

搅拌法是非常容易掌握的，搅拌时要轻柔。将搅拌片插入液面到上壶水深的三分之一处，然后沿着壶壁转圈搅拌。

3. 钟摆法

钟摆法是指搅拌棒呈钟摆的弧度进行，搅拌时同样要轻柔，将搅拌片插入液面到上壶水深的三分之一处，然后沿着弧度下压咖啡粉，到壶壁抽起搅拌棒（尽量不要碰到壶壁），这种手法使咖啡口感更柔顺。

4. 十字法

十字法依然要轻柔，对手感的要求也会更高，搅拌片在水面轻柔地以"十字"来回翻搅。这种手法可以单独使用，也可以配合钟摆法使用。

单品咖啡

单品咖啡是指用原产地出产的单一咖啡豆磨制而成，饮用时一般不加奶或糖的纯正咖啡。单品咖啡有强烈的特性，口感特别，或清新柔和，或香醇顺滑，成本较高，因此价格也比较贵。

世界六大知名单品咖啡：

1.蓝山咖啡（产地：牙买加）

蓝山咖啡是咖啡中的珍品。它因出产于牙买加的蓝山而得名。国际上公认的是，只有种植在海拔1800米以上的牙买加蓝山咖啡才是真正的蓝山咖啡，而出产于海拔1800米以下的都叫作高山咖啡。

因为牙买加出产的蓝山咖啡产量非常少，每年针对全球仅出产4万余袋，所以价格非常昂贵，一般人很难喝到真正的蓝山咖啡。绝大多数咖啡馆里所售卖的蓝山咖啡都是由味道近似的咖啡调制而成。尽管如此，这些调制咖啡的价格也仍然要比一般咖啡贵。

2.摩卡咖啡（产地：也门）

在众多咖啡品类中，如果说蓝山咖啡是"国王"的话，那么摩卡咖啡一定是"皇后"。摩卡咖啡是世界咖啡贸易的鼻祖。因为第一批销往欧洲的优质也门咖啡是由摩卡港出口的，所以人们把这种美味而高品质的也门咖啡叫作摩卡咖啡。

摩卡咖啡因为拥有全世界最独特而丰富的香气（原木香、红酒香、烟草香……），所以除了单独饮用之外，还常常用来调制综合咖啡。相比蓝山咖啡而言，摩卡咖啡的价格就要友好得多，因此很受咖啡迷们的推崇和喜爱。

3.圣多斯咖啡（产地：巴西）

和摩卡咖啡一样，圣多斯咖啡的名字也来源于运输咖啡的港口名。圣多斯咖啡主要出产于巴西南部的圣保罗州。延续咖啡中蓝山是"国王"，摩卡是"皇后"的说法，咖啡发烧友们把圣多斯叫作咖啡中的"隐士"。

因为圣多斯咖啡酸、甜、苦三种味道非常均衡，所以圣多斯咖啡属于中性咖啡。与此同时，圣多斯咖啡豆也是调制混合咖啡的最好调配用豆。

4.哥伦比亚咖啡（产地：哥伦比亚）

哥伦比亚咖啡是世界上少数以国家名命名的咖啡之一，它也被叫作翡翠咖啡。哥伦比亚咖啡蕴含着非常丰富的营养成分，同时，它也是最受喜欢清淡口味的人们追捧的单品咖啡。哥伦比亚咖啡的清淡丝滑使它成为世界最知名的软咖啡之一（硬咖啡的特点是醇厚浓烈）。

哥伦比亚咖啡最适宜单饮，如果用来制作混合咖啡的话，哥伦比亚咖啡也通常是用来制作高级的混合咖啡。

5.曼特宁咖啡（产地：苏门答腊）

曼特宁咖啡被称作是咖啡中的凯撒大帝。它被公认为是世界上最醇厚的咖啡。

曼特宁的咖啡豆被认为是最丑陋的咖啡豆，但丑陋的外表，却拥有美丽的内涵，曼特宁咖啡豆的外形越丑，那么用它所做出来的咖啡味道就越好、越醇、越滑。所以资深的咖啡迷们在购买曼特宁咖啡豆时，都会专挑哪种外形较丑的。

6.康纳咖啡（也称：科纳咖啡。产地：美国）

康纳咖啡出产于美国夏威夷岛上科纳地区的西部和南部，它以香醇微酸而闻名世界，康纳咖啡的名字也正因产地而来。

2016 WBC世界冠军——吴则霖

世界咖啡师大赛（World Barista Championship，WBC），目的在于发扬咖啡文化，推出更高品质的咖啡，促使咖啡师更加职业化，这场全球赛事每年都有超过50个国家参与。

2016年，在爱尔兰所举行世界咖啡大师大赛，吴则霖在60个国家代表选手中脱颖而出，荣获世界冠军，也创下中国台湾咖啡史上第一位获得此殊荣的纪录。吴则霖表示，本次比赛的突破关键，就是冰镇把手、选豆、咖啡杯以及氮气手摇杯等技巧。

所谓冰镇把手，是利用冰水降低浓缩咖啡机的冲煮把手，借此降低咖啡的温度。吴则霖表示，通常扣挂在咖啡机上的把手温度约有90℃，冲泡时容易让咖啡豆香散逸。有些选手会利用静置、换杯等方式降温。但是自己则使用冰水，降低把手温度之后再冲泡。如此一来，别人的温度约为70℃，自己的咖啡温度则约45℃，可以保留更完整的香气，也能凸显咖啡豆特色。

另外在创意咖啡的表现手法上，吴则霖大胆地将咖啡、伯爵茶、果汁、蜂蜜等原料，还有茉莉、橘子香气加入调酒师惯用的贝利尼调酒器（Bellini Shaker），再打入氮气进行混合，可以让口感更加柔顺。

在两种不同的饮品上，吴则霖也特别选用莺歌瓷杯来盛装牛奶饮品成品，较薄的杯壁与材质，可以忠于原味传达香气；使用柴烧的中国台湾陶杯，以粗糙的质感呈现出咖啡特色。

思考：

1.通过阅读材料，你认为吴则霖体现出的工匠精神有哪些？

2.结合吴则霖案例，谈谈你认为创新对于一名咖啡师的重要性。

岗位实训

在15分钟内制作一杯粉水比在1∶13的虹吸咖啡,去找寻适合自己的虹吸壶单品咖啡的最佳风味,同时保证虹吸壶单品咖啡出品的一次性。

自我评价

通过学习本任务:_____。

我学到了_____
_____。

其中我最感兴趣的是_____
_____。

我掌握比较好的是_____
_____。

对我来说难点是_____
_____。

我将通过以下方法来克服困难,解决难点:_____
_____
_____
_____
_____。

任务三  摩卡壶咖啡制作

学习目标

● 知识目标
1. 了解摩卡壶的基本工作原理；
2. 了解摩卡壶咖啡制作的专用器具。

● 能力目标
能够熟练使用摩卡壶制作咖啡。

● 素质目标
1. 通过学习摩卡壶咖啡制作过程，培养精益求精、爱岗敬业的工匠精神；
2. 体悟咖啡悠久文化，陶冶情操，温润心灵，培养热爱咖啡的情怀。

任务描述

掌握摩卡壶的基本工作原理、专用器具、操作步骤以及注意事项等知识和技能，熟练使用摩卡壶制作咖啡。

任务要求

1. 上课当日饮食宜清淡，忌重油重辣，准备好一次性勺子、纸巾；
2. 准备摩卡壶、咖啡粉、纯净水、电陶炉、咖啡勺、拧干的湿抹布等器具，用于摩卡壶单品咖啡制作演示；
3. 在教师引导下共同分析咖啡豆研磨度、水温、萃取时间对摩卡壶制作的意式浓缩咖啡风味的影响；
4. 进行实践操作，用摩卡壶完成一杯意式浓缩咖啡的制作。

知识点一　基本原理

摩卡壶是一种萃取意式浓缩咖啡基底的工具。原理是通过加热下壶中的水变成蒸汽，利用蒸汽的压力将水推升至导管进入粉槽而萃取咖啡里面的风味物质，再继续通过导管推升到上壶聚合流出。摩卡壶煮咖啡有1.2～3个大气压力，虽比不上大型意式浓缩咖啡（Espresso）机器的9个大气压，但也能乳化出少部分非水溶性油脂及芳香物质，给咖啡添加质感。用摩卡壶煮出的咖啡较真正的浓缩咖啡味道差一些，但比滴滤式和虹吸式咖啡强劲（图5-3-1）。

图5-3-1　摩卡壶基本原理

知识点二　专用器具

1.摩卡壶

摩卡壶是一种用于萃取浓缩咖啡的工具，摩卡壶以铝或不锈钢材质制成，分为上、中、下三部分。下座是盛水的水槽，中间的粉槽盛放咖啡粉，上座盛放萃取后的咖啡液，壶身有一压力过大时会自动泄压的泄压阀。

传统的摩卡壶是铝制的，可以用明火或电热炉具加热。现代摩卡壶大多使用不锈钢制造，可用电磁炉加热。还出现了像电水壶一样的电加热摩卡壶（图5-3-2）。

图5-3-2　摩卡壶

2. 摩卡壶的结构组成

摩卡壶主要由上壶、下壶、粉碗三部分组成（图5-3-3～图5-3-5）。

辅件： 加热装置（图5-3-6）。

图5-3-3　上壶

图5-3-4　下壶

图5-3-5　粉碗

图5-3-6　加热装置

3. 摩卡壶各器件的使用功能和作用

上壶： 主要用来盛萃取后的咖啡液。

下壶： 用来盛煮咖啡用的纯净水。

粉碗： 用来盛咖啡粉。

加热装置： 电磁炉、明火以及电陶炉。（注：下壶铝制的摩卡壶没有电磁感应，是不可以用于电磁炉的。）

4. 摩卡壶的选择

选择摩卡壶主要考虑材质、密封性、单双阀等因素。

（1）**材质**　这是首先需要考虑的因素，因为摩卡壶在加热后产生高压，材质的优劣，直接影响使用的安全。一般储水容器用料有食用铝和不锈钢材质，建议选择不锈钢材质。选购时一是掂量一下壶具的重量，就可以知道用量的厚薄，选择重量重一点的；二是看壶具外观的光洁度。

（2）**密封性**　一是上座和下座之间的密封性；二是泄压阀的密闭性，是否有渗水现象。密封性只能通过使用才会发现，建议不要购买价格低廉的，选择一些相对知名的品牌。

（3）单阀摩卡壶和双阀摩卡壶 摩卡壶有单阀和双阀之分。主要是指摩卡壶上壶的中空导管上端的流出咖啡液的装配结构不同。

单阀就是指咖啡液从摩卡壶中空导管顶端的两个小孔直接流出，它的特点是壶内蒸汽压力为1～1.5个大气压（1标准大气压＝101325.00帕斯卡），咖啡浓度高，油脂较低，是典型的意大利浓缩咖啡；

双阀就是指在中空导管上面还加有一个近似于高压锅的聚压阀，这个聚压阀平时是将中空导管出咖啡液的小孔堵塞住的，需要达到一定的蒸气压力才能把它向上冲开，使咖啡液体呈喷射状况喷出，它能够比单阀产生更多的咖啡油脂。

美式喝法，不需要太多油脂，建议选择单阀摩卡壶。如果想要拉花，需要更多的油脂，建议选择双阀摩卡壶。

5.摩卡壶制作咖啡的优缺点

优点：细小便利，方便携带；操作简单，较容易掌握煮咖啡的技巧。

缺点：用摩卡壶做出的咖啡风味上限低，既没有手冲咖啡冲出来那么清晰明亮，也没有意式咖啡机做出来的浓郁细腻。

知识点三　操作演示

装水—装粉—加热—
冲煮完成—分享

第一步：装水。拧开壶身，在壶底中加入适量水，水位控制在安全阀下0.5厘米位置（如图5-3-7所示）。

图5-3-7　装水

提示

1.凉水热水均可。意大利传统做法是加凉水，而我国国内咖啡师倾向于加热水，会提升咖啡制作的速度。

2.安全起见，水位切勿超过安全阀。

第二步：装粉（如图5-3-8所示）。把咖啡粉装入粉碗中，进行布粉（如图5-3-9所示）。

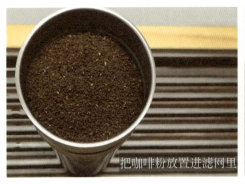

图5-3-8　装粉　　　　　　　　　　图5-3-9　布粉

 提示

1.注意不要压粉，有爆炸风险。

2.装粉后，若粉碗周边有咖啡粉残渣，注意一定要将其清理干净后再进行安装，避免腐蚀胶圈，影响美观及寿命。

第三步：加热。粉和水装完以后，把上壶与下壶拧紧，放在电陶炉上大火加热，当摩卡壶发出"噗噗"的声响时，打开上壶壶盖，小火加热，观察咖啡液体流出情况（如图5-3-10、图5-3-11所示）。

图5-3-10　加热沸腾　　　　　　　图5-3-11　萃取咖啡

 提示

1.上下壶一定要拧紧，否则水会从中间缝隙流出，造成危险。若下壶装的热水，拧紧时会出现烫手的现象，这时可以用湿毛巾垫一下，帮助完成拧紧的动作。

2.加热前先拨动一下底座上的泄压阀。

3.如果是明火煮,尽量控制火苗不要超过摩卡壶底部范围。火在侧面加热会传递到上壶,导致上壶过热,咖啡液喷溅,萃取过度。

4.一旦液体开始流出,将火力降低,使其维持小细流的状态,避免出现咖啡液喷涌而出的状态,防止过萃。几秒钟之后将其离开火源,使咖啡液慢慢流完。

5.加滤纸有安全隐患,细粉会把滤纸糊住,使壶内压力增大。如果不喜欢粉感,可以倒入时留下壶底的残粉。

第四步:冲煮完成(如图5-3-12所示)。当上壶的咖啡液出到一半的时候,关掉电陶炉。摩卡壶的余热和压力会使剩下咖啡液推进上壶。待咖啡液都萃取到上壶时,就可以倒进杯子。

第五步:分享。摩卡壶咖啡制作完成了,慢慢享用吧(如图5-3-13所示)。

图5-3-12 冲煮完成　　　　　　　图5-3-13 分享

任务分析

用摩卡壶制作一杯浓缩咖啡。分析制作咖啡过程中初热、增压、萃取和养壶过程的压力变化,以及咖啡口感。

初热:下壶受热以后,空气部分受热膨胀,产生压力,水经由粉槽的导水管到达粉槽。咖啡粉浸水后迅速膨胀,结成粉饼。此时,下壶的水受粉饼阻力,密闭的下壶压力继续增高。

增压:粉槽内咖啡结饼以后,下壶压力开始增高,将火开到中火,让压力继续增加。

萃取:开大火,让下壶压力超过此平衡的临界点,在持续的大火的作用下,让水迅速通过咖啡粉饼,得到萃取完全和味道均衡的咖啡液。

养壶:上壶咖啡液导管有蒸汽的"扑噜扑噜"声时立刻关火,让咖啡壶静置30秒左右。

（1）准备器具及原料。包括摩卡壶、咖啡粉、纯净水、电陶炉、咖啡勺、拧干的湿抹布等器具。

（2）拧开壶身，将水注入壶底，水位至泄压阀下方。

（3）在粉槽中加入咖啡粉，轻拍使咖啡粉铺平（注意不要压实）。

（4）将壶身用力旋紧，防止冲煮过程中蒸汽泄漏。

（5）将热源的火力开大，缩短萃取时间来减少苦味。

（6）当咖啡液流入上壶时，立即将火力减弱使其缓慢流出。

（7）几秒钟后，将摩卡壶从热源移开，等待咖啡液缓慢流完。

（8）将上壶内的咖啡摇匀后倒入咖啡杯，一杯浓缩咖啡就做好啦。

（9）品尝和总结：通过看、闻、品三个步骤，总结咖啡的风味及制作过程和操作要点。

摩卡壶的清洗和保养

一、摩卡壶的清洗

摩卡壶使用后一定要及时清洁因为煮后壶内会残留很多咖啡油脂，尤其是中间的密封橡胶垫圈，如果没有及时清洗日后再次使用的时候就会有臭油垢的味道。清洗方法如下：

（1）转开上下壶　刚使用过后的摩卡壶，因为壶身热胀且很烫手，比较难打开，用蛮力会使螺纹磨损，先放置冷却后再扭开。如果要立即再煮可以用凉水冲壶身降温，这样比较容易打开，以惯用右手者为例，壶把朝右，左手用力固定住下壶，右手虎口向上顶住壶把根部，拇指扣住壶盖，整个手掌贴紧壶身，向前旋转（即向右转）。

（2）倒出粉槽内咖啡渣　可以轻轻用手掌拍打，使粉槽内的咖啡渣掉出来，切记用硬物敲击，易造成粉槽的变形而使上下壶无法闭合。接着用水冲洗。冲洗应该包括整个壶体的每一个部件。有条件和耐心的可以买专门的清洁刷清洁壶体。最好不要用有味道的洗洁精，否则会使异味残留。洗过要用干毛巾擦干，这样可以保持摩卡壶常新。使用过一段时间后要检查壶体的密封胶环是否老化，如果老化请及时更换。

（3）不要用砂质材料和苏打水清洗　这样会损害光亮的表面。时间长了，因为使用硬水，不可避免地底部会变色。去除的方法也很简单，用水掺醋可去之。

（4）合金材质的咖啡壶最好把所有部件拆开存放，使其在空气中保持干燥。一段时间后，要注意金属滤片旁的橡胶垫圈是否完整，如果不密合，不可以煮咖啡。

二、摩卡壶的保养

（1）很多使用者会不注意粉槽上端的细咖啡粉，就这样转紧摩卡壶。久而久之，咖啡粉刮伤了橡皮垫圈，也磨伤了粉槽上端的面。所以在放入粉槽之前一定要将上缘的咖啡粉擦干净。可以用牙刷在水龙头下冲洗，同时将垫圈及滤网间的咖啡粉粒轻轻刷去，然后将摩卡壶擦干，准备下一次的使用。

（2）建议最少一个月拿出来煮一次，让橡皮再次与水接触，它可以用得很久。

（3）一定要使用中细程度的研磨过的咖啡，在使用煤气蒸煮时，火的大小应在壶底直径以内，以免烧坏手柄。

混合咖啡

混合式咖啡也叫作综合咖啡，是由世界各地的咖啡豆混合制成的。将咖啡混在一起，味道更有层次感，这就是它如此流行的原因。

配制的咖啡种类主要有：口味均衡的咖啡、醇香为主的混合咖啡、酸味为主的混合咖啡、混合香味的咖啡、浓烈的咖啡、美式混合咖啡。

一、味道均衡的咖啡

配制：危地马拉SHB（30%），墨西哥（30%），巴西NO.2.19（20%），乞力马扎罗AA（10%）。

最好的综合性咖啡是酸味、苦味、香味的最佳搭配，是不同咖啡豆的混合物。例如：苦味浓重的危地马拉咖啡豆、带酸甜味的墨西哥咖啡豆、苦味适中的巴西豆，按一定比例调配，再混合适量酸味浓重的乞力马扎罗咖啡豆，调好后的咖啡豆味道均衡，浓度适中。

二、醇香为主的混合咖啡

配制：苏门答腊G1型（40%）、哥伦比亚型（30%）、巴西NO.2.19（20%）和乞力马扎罗AA（10%）。

这种咖啡含有印度尼西亚产的苏门答腊曼特宁咖啡豆、苦味浓厚且有酸味的哥伦比亚豆、苦味酸味适中的巴西豆，以及以酸味为主的乞力马扎罗豆。调制出来的咖啡豆苦味较重，深受咖啡爱好者的喜爱。

三、酸味为主的混合咖啡

配制：乞力马扎罗AA（40%），摩卡·高原哈拉（20%），巴西NO.2.19（20%），夏威夷科纳NO.1（20%）。

要做酸味浓重的咖啡，要以乞力马扎罗咖啡豆为主，配上埃塞俄比亚产的味道柔和的摩卡·高原哈拉和巴西豆以及酸度适中的夏威夷科纳，可调制出酸度适中的综合咖啡。

四、混合香味的咖啡

配制：危地马拉SHB（40%），乞力马扎罗（30%），摩卡·高原哈拉（30%）。

混合咖啡的香气主要是混合各种不同特性的咖啡豆，香气更浓。它以香甜馥郁的危地马拉SHB为主要原料，配以酸味为主的乞力马扎罗豆和具有天然果香的摩卡·高原哈拉，可调配出芳香浓郁的综合咖啡。

五、浓烈的咖啡

配制：哥伦比亚SUP（50%），巴西NO.2.19（30%），爪哇罗布斯塔（20%）。

要突显浓重的口味，最好选择口味厚、酸度适中的哥伦比亚豆，在此基础上配以口味均衡的巴西豆，如果要增加甜味，可以搭配一些苦味柔和的咖啡豆。

六、美式混合咖啡

配制：巴西NO.2·19（50%），墨西哥（30%），牙买加水洗豆（20%）。

美式综合性咖啡选配以中度烘焙的咖啡豆，以酸甜苦辣味道平衡的巴西豆为主，加上酸甜可口的墨西哥豆和牙买加带辛辣味道的水洗豆，调制的美式混合咖啡令人回味无穷。

 思考与感悟

退伍军人王学超的"凤凰涅槃"

26岁的王学超，是成都蒲江人。2010年，他从福建某武警部队退役之后，在重庆一家咖啡培训机构做后勤采购。当他看到培训班老师教学员咖啡拉花，轻妙的动作，娴熟的手法，最后呈现出的意式咖啡华丽美观，对此产生了浓厚的兴趣。于是，他白天完成工作后，晚上在培训教室自学咖啡拉花。

经过一年的苦练，王学超逐渐领悟到："咖啡师如同书法家，是以拉花缸为笔，只有放松，才能恣意挥洒。"他认为，书法家在行笔时，有自己的笔风；咖啡师做拉花时，也要有自己的风格。

从2011年至2015年，王学超参加了10多场有关咖啡师、咖啡拉花的比赛。"通过参加比赛的方式，能得到来自评委的专业意见，还能与同行交流切磋，这个过程让我进步很快。"王学超说。

2015年，王学超报名参加世界拉花艺术大赛（World Latte Art Championship，WLAC）。不料，在比赛前夕，他病倒了，紧急住院，还做了气胸手术。眼看比赛日期越来越近，王学超的内心既挣扎又不甘，虽然家人极力劝阻，但他还是决定继续参赛。去上海参加中国赛区总决赛时，他胸前的缝合线都还没有拆除。"但是一到赛场，完全就投入进去，感觉不到伤痛。"王学超说。

最终，王学超不负众望，一举夺得中国赛区第一名，并获得唯一的名额征战在瑞典举办的总决赛。在瑞典，他与来自50个国家的咖啡师同台竞技，以一杯名为"凤凰涅槃"的创意拉花获得亚军。"生病之后，我就想诠释一种生活态度，人生要有像凤凰一样浴火重生的勇气。"王学超说。

思考：

1.通过阅读材料，你认为王学超是如何成功的？

2.结合阅读材料，谈谈王学超体现的"匠人精神"。

 岗位实训

在15分钟内用摩卡壶制作一杯意式浓缩咖啡，找寻适合自己的摩卡壶咖啡的最佳风味，同时保证意式浓缩咖啡出品的一次性。

自我评价

通过学习本任务：_____。

我学到了_____
_____。

其中我最感兴趣的是_____
_____。

我掌握比较好的是_____
_____。

对我来说难点是_____
_____。

我将通过以下方法来克服困难，解决难点：_____
_____
_____
_____
_____。

任务四　法式压滤壶咖啡制作

学习目标

● 知识目标

1. 了解制作法式压滤壶咖啡时的设备与器具；
2. 了解法式压滤壶咖啡的萃取过程；
3. 掌握法式压滤壶咖啡的萃取条件、萃取的变数及萃取比例。

● 能力目标

能够熟练使用法式压滤壶制作咖啡。

● 素质目标

1. 通过学习法式压滤壶咖啡的萃取条件、萃取过程、萃取的变数等，培养精益求精、敬业爱岗的工匠精神；
2. 在国际化工作环境中展现咖啡师职业精神和职业规范，具有民族自信和民族自豪感。

任务描述

掌握法式压滤壶咖啡的萃取条件、萃取过程、萃取的变数、萃取比例等知识和技能，理解法式压滤壶咖啡的萃取原理，掌握法式压滤壶咖啡的萃取技能。

任务要求

1. 上课当日饮食宜清淡，忌重油重辣；
2. 准备好法式压滤壶、磨豆机、咖啡豆等器材，用于演示萃取法式压滤壶咖啡；
3. 在教师引导下共同分析研磨度、水温、萃取时间和萃取之间的风味关系；
4. 进行实践操作，完成一杯法式压滤壶咖啡的萃取。

知识点一　基本原理

法式压滤壶是由一个圆筒状的容器和一个可将咖啡粉与水分离的金属滤网（有轴）构成，其原理是用浸泡的方式，通过水和咖啡粉全面接触浸泡和闷蒸的方法来释放咖啡的香气与味道。法式压力壶是很有代表性的浸渍萃取器具，容易控制、改变热水与咖啡粉的接触时间。法压壶的咖啡萃取只要按照合适的粉水比例、水温、时间，就容易冲出一壶味美的咖啡。

知识点二　专用器具

1. 法式压滤壶

法式压滤壶大约1850年发源于法国的一种由耐热玻璃瓶身（或者是透明塑料）和带压杆的金属滤网组成的简单冲泡器具。起初多被用于冲泡红茶，因此也有人称为冲茶器。

法式压滤壶具有很高的普遍性，在冲煮咖啡的过程中操作十分的简便，便于携带，价格低廉，倍受咖啡爱好者的青睐，具有很高的实用性（图5-4-1）。

图5-4-1　法式压滤壶

2. 法式压滤壶的组成

法式压滤壶由玻璃瓶身、金属滤网、压杆组成（图5-4-2～图5-4-4）。拆卸的部分主要为金属滤网部分，由于要多层过滤，因此每次制作完成后，都需要将全部金属滤网拆除清洗。

图5-4-2　法式压滤壶壶身　　图5-4-3　法式压滤壶滤网　　图5-4-4　法式压滤壶压杆

3.法式压滤壶各器件的使用功能和作用

玻璃瓶身：用于承载咖啡粉末与萃取热水的盛装器皿。

金属滤网：用在萃取结束后，阻隔咖啡粉末与咖啡液的过滤装置，方便滤出咖啡液体，将萃取完毕的咖啡粉末留在壶内。

压杆：用于给金属滤网施加压力的压杆装置。

1.玻璃壶体：每次制作完咖啡后，务必清洗干净玻璃壶体，避免咖啡油脂影响下一杯咖啡。

2.金属过滤网：扭转金属过滤网底部螺丝，打开双层过滤网，清洗干净，避免咖啡渣残漏出。

3.每日保养：每次制作完毕，清洗过后，尽量擦干壶体，保持壶体干净并且干燥，为下一次制作准备便捷的工具。

4.法式压滤壶制作咖啡的优缺点

优点：制作咖啡简、易、快；无须插电和酒精灯加热；不需要滤纸，更环保；体积小，轻巧又不占地方；清洗容易。

缺点：与手冲咖啡相比，冲煮出来的咖啡混浊不清。

 知识点三　操作演示

研磨—冲煮—萃取—按压—出品

第一步：研磨。采用粗度研磨（如图5-4-5所示）。

图5-4-5　研磨

M5-4 法式压滤壶咖啡制作

第二步：冲煮。将纯净水加热到100℃，降温至90℃的时候将水注入（如图5-4-6所示），并且注入水后，要确保每一粒咖啡粉都与水要充分融合。

图5-4-6 冲煮

第三步：萃取。在咖啡粉注入热水后，需要确保每一粒咖啡粉都与热水融合，用勺将咖啡液体进行搅拌。萃取时间为3～5分钟（如图5-4-7所示）。

图5-4-7 萃取

第四步：按压。将法式压滤壶轻按至底部（如图5-4-8所示），让咖啡粉和液体进行分离。

图5-4-8 按压

第五步：出品（如图5-4-9所示）。出品时，采用合适杯量的咖啡杯进行装盛，一般采用200毫升左右的咖啡杯即可。

图5-4-9　出品

在8分钟内萃取一杯粉水比在1∶15的法式压滤壶咖啡，寻找法式压滤壶咖啡的最佳风味。

1.准备工作

（1）准备器具及原料

器具用品：磨豆机、法式压滤壶、咖啡杯。

原料：咖啡豆、热水（以每杯30毫升计算，量出所需的水量煮沸）。

（2）温壶：将少量热水倒入法式压滤壶至温热后倒出。

2.咖啡研磨

（1）调研磨度：调整磨豆机至粗度研磨（刻度为4～4.5）。

（2）磨豆：用勺取咖啡豆12～15克，磨至略大于砂糖颗粒。

3.咖啡萃取

（1）装咖啡粉：取出法式压滤壶的滤压器，壶内放入两杯份的咖啡粉。

（2）咖啡萃取：法式压滤壶呈45°斜放，将约90℃的200毫升热水慢慢冲入，静置3～5分钟。用竹棒搅拌咖啡粉。充分萃取咖啡中的精华，搅拌时不宜剧烈搅拌。

（3）咖啡滤压：套上滤压器轻轻下压到底，滤压器下压时，要将附着在压滤壶壶壁的咖啡渣一同压入壶中。

4.咖啡品尝与总结

(1) **咖啡出品**：按咖啡调制份数准备好温热的咖啡杯，斟倒咖啡至咖啡杯八分满。

(2) **咖啡品尝与总结**：品尝并总结法式压滤壶咖啡的风味及操作要点。

金杯萃取准则

在1952～1960年间，麻省理工学院化学博士洛克哈特通过在美国对民众进行抽样调查，得出美国民众对咖啡的偏好在萃取率为17.5%～21.2%，浓度为1.04%～1.39%，这就是美国金杯准则的雏形。洛克哈特博士团队设立了咖啡泡煮学会，负责滤泡式咖啡的科学研究、推广与出版工作，并协助中南美咖啡产国对美国行销咖啡。

此后，洛克哈特团队协同美军中西部研究中心共同研究数据和专家杯测，得出了萃取率为18%～22%，浓度为1.15%～1.35%为咖啡的最佳萃取区间。这成为了美国精品咖啡协会SCAA以及合并后的SCA的金杯萃取理论。

金杯萃取准则又以SCA影响最深，在制作冲煮咖啡中，将浓度控制在1.15%～1.35%之间，萃取率达到18%～22%就被认定为是在金杯萃取范畴之内。

不同的国家都会有不同的金杯准则，但是普遍认为萃取率在18%～22%，萃取出来的咖啡味道是比较美味的。金杯准则的出现起到了领航的作用，在无法评判一杯美味的咖啡标准是什么时，它给制作者设立了一个参考标准，使咖啡萃取科学化（图5-4-10）。

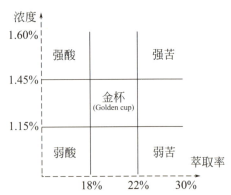

图5-4-10 咖啡萃取坐标参考

咖啡与水质

水质对咖啡到底有多重要？

一杯咖啡中有90%都是水，水作为咖啡重要溶剂，负责萃取出咖啡粉内的风味成分，因此，水的质量对制作一杯咖啡起着至关重要的作用。

TDS指的是水中可溶解物质的含量，其测量的是任何溶解在水中的矿物质、盐、金属或者其他固体，测量单位为毫克/升，1毫克/升＝1ppm。ppm数值越高，代表水中的可溶解物质越多，而这些物质在咖啡萃取过程中会降低咖啡的萃取率；而ppm数值越高，代表水中可溶解物质越少，萃取咖啡的时候，咖啡的萃取率就越高。根据SCAA的研究表明，水的ppm数值在125～175之间是最理想的，而数值低于75，咖啡容易萃取过度；数值高于225的时候，则容易出现萃取不足的现象。

同时，水的酸碱程度也会影响咖啡的萃取，pH值在7以下属于酸性，pH值在7以上属于碱性。而咖啡本身属于5～6之间的弱酸性饮品，如果用pH值6以上的水来冲煮咖啡的话，就会提高咖啡的pH值，减少咖啡的酸性，从而减少咖啡酸味的表达，pH值越高，减少酸味的效果就越强，咖啡就会逐渐向碱性发展。此外，pH值过高的水中钠离子成分会偏高，冲煮出来的咖啡就很容易产生相应的咸味，当然，pH值较低的酸性水，也不适合冲煮咖啡。而我国的自来水都是强碱性的，因此，直接用自来水冲煮咖啡会大大削弱咖啡中属于原本咖啡酸性的物质，也会降低咖啡的甜感。

关于水的硬度，水的硬度是指水中有一定的矿物质，主要是钙和镁离子。因此，未通过过滤的我们称之为"硬水"，而通过过滤器过滤后的我们称之为"软水"。过滤后的"软水"，会从某种程度上减少水中钙离子和镁离子，喝起来会更加柔和，因此，用它冲煮咖啡，咖啡也会比较柔和顺滑，但是甜度却没有"硬水"冲煮的高，当水中含有一定的钙离子时，会提升咖啡中更多的甜味，但是过量的钙离子也会让咖啡喝起来没有那么柔和。除此之外，水中的钙离子和镁离子含量过高时，会影响咖啡因与单宁酸的释放，长期使用，还会在冲煮或者制作咖啡的机器与工具上留下水垢，影响其使用寿命。

Sasa和他的Ona Coffee王国

澳大利亚众多的英国移民者，将咖啡从欧洲带到了澳大利亚大陆，但是澳洲人不甘追随，他们不断推陈出新，不仅自己经营咖啡豆种植园，培育优质原料，还有各种大大小小的烘焙工厂，制作更加符合自己国家人口味的咖啡豆，澳大利亚人每周每人要消耗9～10杯咖啡，成熟的咖啡文化和高超的冲泡技艺，让澳洲人对咖啡的口味极其苛刻，从而咖啡竞争激烈。在这样的激烈环境中，有这样一位曾经是奥林匹克手球运动员的神秘人，叫作Sasa Sestic，他移民澳大利亚后，对咖啡产生了浓厚的兴趣，创立了生豆品牌Project Origin，和全球10个国家70多个庄园合作，甚至还和农民研究通过糖度测试仪辅助摘取咖啡的方法，为了更深入地了解咖啡中蕴含的秘密，甚至努力研究土壤学以及矿物质对甜酸度以及口感的影响。终于努力有所回报，2015年，他获得世界咖啡师大赛冠军，而他说了一句："终于有更多人愿意听我说话了。"这句话隐藏了多少咖啡人背后的努力和心酸，这就是咖啡人的态度。

思考：

1. 通过阅读材料，你认为Sasa Sestic体现的工匠精神有哪些？
2. 结合当前你所学习的专业，谈谈你眼中的工匠精神还包括什么。

在8分钟内萃取一杯粉水比在1∶15的法式压滤壶咖啡，找寻适合自己的法式压滤壶咖啡的最佳风味，同时保证法式压滤壶单品咖啡出品的一次性。

自我评价

通过学习本任务：_____。

我学到了_____

_____。

其中我最感兴趣的是_____

_____。

我掌握比较好的是_____

_____。

对我来说难点是_____

_____。

我将通过以下方法来克服困难，解决难点：_____

_____

_____

_____。

任务五　爱乐压咖啡制作

学习目标

● 知识目标

1. 了解制作爱乐压咖啡时的设备与器具；
2. 了解爱乐压咖啡的萃取过程；
3. 掌握爱乐压咖啡的萃取条件、萃取的变数及萃取比例。

● 能力目标

能够熟练萃取爱乐压咖啡。

● 素质目标

1. 通过学习爱乐压咖啡的萃取条件、萃取过程、萃取的变数等，培养坚持信念、追求卓越的工匠精神；
2. 在国际化工作环境中展现咖啡师职业精神和职业规范，具有民族自信和民族自豪感。

任务描述

掌握爱乐压咖啡的萃取条件、萃取过程、萃取的变数、萃取比例等知识和技能，理解爱乐压咖啡的萃取原理，掌握爱乐压咖啡的萃取技能。

任务要求

1. 上课当日饮食宜清淡，忌重油重辣；
2. 准备好爱乐压、磨豆机、咖啡豆等器具，用于演示萃取爱乐压咖啡；
3. 在教师引导下共同分析研磨度、水温、萃取时间、注水速度、搅拌方式和萃取的风味关系；
4. 进行实践操作，完成一杯爱乐压咖啡的萃取。

知识点一 基本原理

爱乐压（AeroPress）是由美国Aerobie公司于2005年正式发布，以其易用、高效、出品美味咖啡等优点，一上市并引起强烈反响。该全新的咖啡制作器具是斯坦福大学机械工程讲师Alan Adler发明的（图5-5-1）。

爱乐压是一种手工烹煮咖啡的简单器具。结构类似一个注射器，使用时"针筒"内放入研磨好的咖啡和热水，然后搅拌均匀水粉，压下推杆，咖啡就会透过滤纸流入容器内。它结合了法式压滤壶的浸泡式萃取法，手冲咖啡的滤纸过滤，以及意式浓缩咖啡的快速、加压萃取原理。

图5-5-1 爱乐压

知识点二 专用器具

1.爱乐压

爱乐压冲煮出来的咖啡兼具意式浓缩咖啡的浓郁、手冲咖啡的纯净，以及法式压滤壶的顺口。可以通过改变咖啡豆研磨颗粒大小、水温以及按压速度来改变咖啡的味道及口感。除了快速、方便、效果好外，它的清洁保养方式也极其简单，体积小，不易损坏，非常适合作为外出使用的咖啡冲煮器具。

2.爱乐压的组成

爱乐压由4个部分组成：漏斗、搅拌棒、壶身和柱塞（图5-5-2～图5-5-4）。

图5-5-2 漏斗   图5-5-3 搅拌棒   图5-5-4 壶身和柱塞

3.爱乐压各器件的使用功能和作用

漏斗：用于过滤出咖啡液体的过滤装置，需要配备专门的咖啡滤纸一起使用。

搅拌棒：在注入热水后，用于搅拌咖啡粉与热水的搅拌工具。

壶身：用于盛装主体萃取时候的热水与咖啡粉的容器，同时也是萃取的主要盛器。

柱塞：在咖啡萃取结束后，用于增压过滤的推力工具，由于是橡胶材质，可以阻隔部分空气，防止咖啡粉及咖啡液的溢出。

1.壶体：每次制作完咖啡后，务必清洗干净壶体，避免咖啡油脂影响下一杯咖啡。

2.滤网：取下盖子，推出咖啡粉饼，清洗干净，擦拭干净并且干燥。

3.每日保养：每次制作完毕，清洗过后，尽量擦干壶体，保持壶体干净并且干燥，为下一次制作准备便捷的工具。

 知识点三　操作演示

M5-5 爱乐压咖啡制作

研磨—冲煮—搅拌—萃取—按压—出品

第一步：研磨。采用中度研磨（如图5-5-5所示），呈砂糖状。

图5-5-5　研磨

第二步：冲煮。将纯净水加热到100℃后，降温至90℃的时候将水注入（如图5-5-6所示），并且注入水后，要确保每一粒咖啡粉都与水要充分融合。

图5-5-6 冲煮

第三步：搅拌。用搅拌棒轻轻搅拌咖啡液体（如图5-5-7所示）。搅拌的同时开始计时，一般搅拌时间可以控制在10～30秒（根据咖啡的不同品种、研磨方式以及水温来衡量）。

图5-5-7 搅拌

第四步：萃取。爱乐压的主要萃取方式是浸泡式，虽然在按压的时候类似意式浓缩咖啡，在注水的时候类似手冲咖啡，但是，主要的萃取过程还是类似于法式压滤壶。在萃取阶段，根据咖啡豆的不同类型、研磨刻度以及水温，需要对萃取时间进行掌控和调整。通常的浸泡式萃取时间在1～3分钟。

第五步：按压。按压是爱乐压制作咖啡的关键。力度的大小、按压速度的快慢，都直接影响咖啡的味道及口感。

按压可采用"反压"或"正压"的方式来按压活塞"针管"。

反压是将压杆与壶体先装好，将研磨好的咖啡粉倒入（如图5-5-8所示），注入热水，搅拌静置后，将事先装好的滤纸与滤网安装壶体上，第一次倒置，用压杆按压，排除壶体中多余的空气，再倾倒回来，浸泡1～3分钟，再进行第二次倒置，对其进行按压。优点是制作出来的咖啡味道更加香醇浓郁；缺点是对于咖啡师的要求更高,咖啡师要清楚咖啡豆的特性、浸泡萃取的时间等。

图5-5-8 反压

正压是先将滤纸与滤网放在底端(如图5-5-9所示),将研磨好的咖啡粉直接倒入,注入热水,搅拌均匀,装上活塞压杆,在容器中直接进行按压。优点是制作简单方便;缺点是当一开始注水时,咖啡液体就会通过滤纸滤出,意味着咖啡可能还没有得到充分萃取,就直接滤出,可能会出现萃取不足的现象发生。

图5-5-9 正压

第六步:出品。如果所压出来的咖啡用来制作意式浓缩咖啡类产品,可以不用稀释,直接饮用;但是需要制作单品咖啡或者黑咖啡,就需要进行稀释,按照咖啡的最佳饮用口感比例来稀释。

在5分钟内萃取一杯粉水比在1∶14的爱乐压咖啡,寻找爱乐压咖啡的最佳风味。

 **任务实施**

1. 准备工作

（1）准备器具及原料

器具用品：爱乐压、咖啡杯、搅拌棒；

辅件：计时器、电子秤；

原料：咖啡豆、水。

（2）放置滤纸 将爱乐压专用滤纸放入滤纸盖内。

（3）准备热水 以每杯180～200毫升计算水的分量，用手冲壶把水烧至沸腾，降温至85℃左右。

（4）温杯 将少量热水倒入滤杯及分享壶至温热后倒出。

2. 咖啡研磨

（1）调研磨度 调整磨豆机至粗研磨度（刻度为6）。

（2）磨豆 用勺取咖啡豆12～15克，磨至较粗颗粒。

3. 咖啡冲泡

（1）组装爱乐压 将爱乐压组装好，保证爱乐压所有组件为洁净、干燥的。

（2）装入咖啡粉 将研磨好的咖啡粉倒入爱乐压的滤筒中。

（3）咖啡萃取 以1∶15的粉水比例，将85℃左右的水注入爱乐压中，用搅拌棒轻轻搅拌至咖啡粉全部浸湿，并静置30秒后第二次注水，加满至225毫升后静置1分钟，之后轻压滤盖至咖啡液润湿滤盖即可停止。将咖啡杯扣在滤盖上，将爱乐压和咖啡杯同时倒置，并在30秒的时间内缓慢压下滤筒。

4. 咖啡品尝与总结

（1）咖啡出品 完全压下后，将滤筒从咖啡壶上取走，轻轻摇匀咖啡液后斟倒入温热的咖啡杯中。

（2）咖啡品尝与总结 品尝并总结爱乐压咖啡的风味及操作要点。

 **任务拓展**

爱乐压咖啡萃取的影响因素

1. 正压与反压

正压与反压的口感从一定程度上来说是有区别的，正压法注水同时就会有咖啡过滤出来，这会影响口感的完整性，而反压可以避免这个问题。

2.水温的控制

咖啡固然香醇，但是水温的变数在咖啡萃取中也起着至关重要的作用。意式浓缩咖啡采用的是高温、高压、快速萃取出来的浓缩咖啡品种，味道浓烈，但是对于咖啡完整的味道完全可以展现出来，同时还可以避免过度咖啡因的产生以及咖啡中"不足"味道的提取。而排除用半自动咖啡机后，在萃取咖啡时候的温度又该如何控制呢？

在萃取咖啡前，先将过滤水烧热，水温过高，咖啡萃取过度，会有强烈的焦苦味；而水温过低，咖啡会呈现酸涩以及俗称的"水味"，导致萃取不足。因此，需要随时将可控温烧水壶以及温度放在身边，在冲煮咖啡前，随时将水温数据按照所需要的程度来进行使用。

爱乐压壶的官方建议是可以使用74～80℃的水温来制作咖啡。因为爱乐压的材质散热慢、失温少，在浸泡萃取的过程中，会因为水温过高而产生萃取过度。

3.研磨度

爱乐压集合了意式浓缩咖啡、法式压滤壶以及手冲咖啡的制作原理及特点，可以采用比意式浓缩咖啡较粗，比手冲咖啡略细的研磨程度来制作。在采用压杆按压的时候，如果压力过大，很难下压的时候，表示咖啡粉刻度过细，反之，则代表太粗，结合实际可做适当调整。

4.萃取时间

爱乐压的萃取时间分为以下几个时间段：

注水时间：加入咖啡粉后，将水在15～20秒内注入；

搅拌时间：用爱乐压配备的搅拌棒搅拌20～30秒；

浸泡时间：倒置壶体后，排除多余空气，静置1～3分钟；

按压时间：倒置壶体后，在30秒内按压结束。

当然，萃取参数会根据咖啡豆的特点来进行调整，一般情况下，制作一杯爱乐压咖啡尽量在3分钟之内完成是最佳的。

云南咖啡——"民族咖啡豆"的未来

提起云南，你首先会想到什么？是纯净的苍山洱海？还是迤逦、浪漫的丽江？是清香的普洱茶？还是香甜的鲜花饼？或许不会第一时间想到咖啡吧！在云南数不胜数的胜景名迹里，一粒小小的咖啡确实很难引起人们的注意。一直到2020年电影《一点就到家》上映，把云南咖啡带到了大众的视线，也让很多人第一次知道：云南不仅有普洱茶，还有高品质的咖啡。

2020年，云南咖啡种植面积150万亩，产量13万吨，咖啡产量占全国的95%以上。许多国外咖啡商都会选用云南咖啡，甚至在云南有自己的种植基地及工厂。由于云南特殊的地理环境，云南小粒咖啡总是带有一种独特的醇香，如云南的生活一般恬静清淡。每一粒咖啡都沾染着云南这片纯净之地草木泥土的芳香，带着"远山树林的香气"。

作为一种实际上品质非常好的咖啡，云南咖啡一直被埋没在人们的视线之外，静静地等待着人们的回望与驻足。

1892年的时候，法国传教士把咖啡带来云南朱苦拉，在这个神秘而美丽的自然村寨里，培育出了第一株云南咖啡。咖啡和云南，既有着缘分的巧合，也像是宿命的注定。高海拔，山地和坡地为主的地形，肥沃的土壤，充足的光照，丰富的雨量，还有较大的昼夜温差，这些都为咖啡在云南的扎根提供了条件，好像云南天生就是咖啡的家园。云南咖啡的主产品种是阿拉比卡，即所谓的小粒种咖啡，所以也一直被称作云南小粒咖啡。云南小粒咖啡在入口的时候，浓而不苦，香而不烈，带有一点点微妙的果香。先是一丝清甘在嘴巴里蔓延，继而口舌鼻端全都充斥着咖啡的香气。恰到好处的苦味和酸度，即使不加糖也能被大多数人所接受。在电影《一点就到家》未上映之前，提起云南小粒咖啡，很多人可能第一反应都会是"知名度不高""品质差"，但其实，云南咖啡早就在世界上慢慢站稳了自己的脚步。

1958年产自保山国营潞江农场老桥队的咖啡在英国伦敦市场上被评为一等品，跻身世界一流，潞江坝也被誉为"中国咖啡原产地"。

1993年，在比利时第42届布鲁塞尔尤里卡博览会上保山咖啡荣获尤里卡金奖。

2015年，满载着希望的"滇新欧""渝新欧"后谷咖啡国际货运专列正式开行。云南咖啡产品将首次通过国际铁路运输抵达欧洲，云南咖啡产业开始从农业原料出口发展到咖啡工业产品出口，填补了云南与欧洲贸易货运方式中没有陆路大通道的空白。

2016年，世界咖啡泰斗、美国精品咖啡协会前主席泰德·林格（Ted Lingle）为云南咖啡打出了87分的高分。

2018年8月，《纽约时报》的美食专栏对云南咖啡进行专栏报道，美食作家盛赞云南咖啡"带有饱满的醇度，和令人愉悦的黑巧克力口味"，云南咖啡再次引起了世界关注。

2021年10月,《生物多样性公约》缔约方大会第十五次会议(COP15)第一阶段会议在云南昆明召开,会议期间,所有茶歇都选用云南国滇咖啡,让国内外嘉宾在参会期间真正体会到云南"真香"。

早在1988年,雀巢就开始在云南推广咖啡种植。星巴克把云南咖啡豆列入了自己的高端品牌"星巴克臻选"的产品线内,2011年,星巴克也与云南企业成立合资公司确保优质咖啡豆的长期供应。

国际咖啡组织品尝专家在考察了云南咖啡种植及初加工基地后,将云南咖啡评价为哥伦比亚湿法加工的小粒种咖啡一类,为世界上最高品质的咖啡。

咖啡届的"奥运冠军"——杜嘉宁

杜嘉宁,北京人,周围人都喜欢喊她"豆子",她是一名咖啡师,在2019年的世界咖啡冲煮大赛(WBrC)上,力战群雄,获得世界冠军,对于咖啡业界的同仁来说,是至高无上的喜事,让世界咖啡人见识到中国咖啡人的努力与实力。

杜嘉宁曾经在她的家乡从事调制饮料的工作,那个时候她的月薪仅1800元,现在收入几乎翻了十倍。"一开始我觉得是幸运,选择了这个职业,才有了后来的荣誉和现在的生活",她的主要工作除了在南京、深圳的门店调饮授课外,就是在网络直播和全国各地的咖啡节上推广咖啡文化,对于不到30岁的她而言,"踏实地做好每一杯咖啡"既是目标,也是初心。"我觉得自己唯一做得比较好的,就是非常专注地去做调饮这件事",她始终不卑不亢、精神饱满的工作状态令人深信她蕴藏着静默的爆发力。这种饱满的工作状态会传递给周围的人,对于她来讲,每一次站在赛场,都是领悟与成长的心灵之旅。冠军头衔的背后,蕴藏着她的不懈努力与团队的无条件支持。

思考:

1.通过阅读材料,你认为作为中国的咖啡人,杜嘉宁的成功之初是因为什么?

2.你认为对于咖啡师这个职业,我们应该如何做,才能将其在中国众多行业中有所发展?

在5分钟内萃取一杯粉水比在1∶14的爱乐压咖啡,去找寻适合自己的爱乐压咖啡的最佳风味,同时保证爱乐压单品咖啡出品的一次性。

自我评价

通过学习本任务：_____。

我学到了_____
_____。

其中我最感兴趣的是_____
_____。

我掌握比较好的是_____
_____。

对我来说难点是_____
_____。

我将通过以下方法来克服困难，解决难点：_____
_____
_____
_____。

任务六　土耳其壶咖啡制作

学习目标

● **知识目标**

1. 了解土耳其壶的来历；
2. 了解土耳其壶的各部件组成；
3. 掌握土耳其壶的操作方法和操作流程。

● **能力目标**

能够熟练使用土耳其壶制作咖啡。

● **素质目标**

1. 通过学习和掌握土耳其壶咖啡制作，培养精益求精、敬业爱岗的工匠精神；
2. 提高职业规范和素养，在国际化工作环境中展现咖啡师职业精神和职业规范，具有民族自信和民族自豪感。

任务描述

掌握土耳其壶的知识和操作技能，理解土耳其壶的萃取原理，掌握土耳其壶的萃取技能。

任务要求

1. 上课当日饮食宜清淡，忌重油重辣，准备好一次性勺子、纸巾；
2. 准备好咖啡壶、磨豆机、咖啡豆、咖啡杯等器具，用于演示土耳其咖啡壶萃取咖啡；
3. 进行实践操作，用土耳其壶完成一杯咖啡的萃取。

知识点一　基本原理

土耳其壶是土耳其人发明的一种浸泡式萃取的咖啡壶，传统的土耳其壶煮咖啡又称土耳其沙子咖啡，主要是利用沙子和铁壶的强导热性特点进行加热，它的萃取原理是用浸泡的方式，通过水和咖啡粉全面接触浸泡和闷蒸的方法来释放咖啡的香气与味道，在浸泡的过程中咖啡豆中的物质发生溶解和扩散。

在咖啡豆烘焙的过程中，咖啡豆细胞的内部成分发生化学反应，会生成散发咖啡香气和味道的其他多种成分。这些化学反应的产物，会在咖啡豆内部形成气体，使细胞膨胀。这些气体和水分会通过细胞内小的细孔排出。而这些细孔中含有烘焙过程中产生的主导咖啡味道的成分。为了溶解这些成分，第一步就是要粉碎咖啡豆，尽可能把咖啡豆内部细孔裸露到表面，然后慢慢地进行注水，从而溶化出咖啡豆内部的物质成分，这就是溶解。

在咖啡豆进行研磨之后，有一些含有咖啡成分的细胞裸露在表面，有一些未露出表面，还有一些细胞通过粉碎也不能破碎，这种细胞就不能通过溶解来萃取，这时就需要通过扩散完成萃取。

咖啡粉装入滤器中，通常先用少量的水将咖啡粉浸湿，咖啡粉就开始膨胀。进入咖啡细胞内的水，开始溶解咖啡的成分，形成浓厚的咖啡溶液。静置一会儿后再次注水，新注入的水和咖啡细胞内形成的溶液产生浓度差，浓厚的咖啡溶液往新注入的水中推送咖啡成分，这个过程就是扩散。

知识点二　专用器具

1. 土耳其壶

土耳其壶，外形类似一个带长柄的小锅，土耳其人称为"Cezve"，在北美，他们将这个器具称为"Ibrik"。土耳其不产咖啡，但在咖啡流通于阿拉伯国家甚至早期的欧洲时，土耳其壶成为为数不多甚至唯一的咖啡冲煮器具，习惯性地称土耳其壶冲煮的咖啡为"土耳其咖啡"。目前，土耳其壶在东欧、中东和北非等地区依然被广泛使用。

传统的土耳其壶壶身由纯铜打造，表面镀锡，有手工雕刻的繁复花纹，壶身上窄下宽，为了保证咖啡渣沉积在底部。土耳其壶需要接触热源，所以壶身上有个长长的木质手柄，手柄上镶嵌着铜丝和天然贝壳构成的纹饰。近几年，经过衍生，土耳其壶有了不锈钢、陶瓷等材质的，但兼顾了优秀传热性和传统外观的黄铜依然是首选。在土耳其,加热的热源不是燃气也不是明火,而是热砂,咖啡师通过在热砂中移动壶来控制温度。随着时代的发展,出现了更具现代感的土耳其壶,热源也由原始的酒精灯改为燃气炉、光波炉、电磁炉等更为多样化的热源。

土耳其壶萃取的咖啡,最大的特征就是:浓郁。和意式浓缩咖啡的浓郁不同,土耳其壶萃取咖啡是将研磨极细的咖啡粉加水进行浸泡加热,这种特殊的煮制方式使得咖啡口感浓郁,质地黏稠,最后倒入杯中类似一杯棕色的"泥浆",口感独特。加上土耳其咖啡多种多样的饮用传统,使得土耳其咖啡成为一种非常奇特的咖啡饮品。

2.土耳其壶的组成

土耳其壶由两部分组成:壶身、手柄(图5-6-1)。

辅助器件:加热器(光波炉、电磁炉等)、搅拌棒等(图5-6-2)。

图5-6-1　土耳其壶

图5-6-2　辅助器件

3.土耳其壶各器件的使用功能和作用

壶身: 盛放咖啡粉和水。

手柄: 土耳其壶的把手,方便拿放。

加热器: 冲煮咖啡时加热使用。加热器可以是酒精灯、光波炉、瓦斯炉甚至电磁炉,都可以满足加热要求。

搅拌棒: 搅拌咖啡、糖等。

土耳其壶的清洗和保养:

(1)使用后应立即清洗;

(2)清洗后用金属专用布擦干,做到无水渍;

（3）放置阴凉通风处，保持干燥。

4. 土耳其壶的使用方法

传统的土耳其咖啡是将烘焙好的咖啡豆研磨成极细的粉末，再将咖啡粉放入土耳其壶中，倒入冷水，冷水会使味道更加醇厚，搅拌后在滚烫的沙子上加热，加热至咖啡膨胀，泡沫丰富快溢出时，把部分咖啡沫倒入准备好的咖啡杯中，如此反复。这种方法萃取的咖啡称为"土耳其沙煮咖啡"，在土耳其街头比较常见。它的主要特点是热源为一大盆加热过的沙子。现如今，随着各种各样的热源出现，逐渐替代了"沙子"，但冲煮方法大同小异。

5. 土耳其壶制作咖啡的优缺点

优点：构造简单，美观，经久耐用，具有收藏价值。

缺点：价格高，萃取时间长，咖啡液中混有咖啡渣。

知识点三 操作演示

M5-6 土耳其壶咖啡制作

称豆—研磨—加粉—加水—加热—搅拌—反复加热—出品

第一步：称豆（如图5-6-3所示）。由于土耳其壶容量小，一般选择1人份的量进行冲煮，粉水比控制在1∶10。

第二步：研磨（如图5-6-4所示）。将咖啡豆研磨成极细粉末，没有颗粒感，类似于面粉粉末状。

图5-6-3 称豆

图5-6-4 研磨

第三步：加粉（如图5-6-5所示）。将研磨好的咖啡粉加入壶中。

第四步：加水（如图5-6-6所示）。将冷水加入土耳其壶中。可根据口味而选择是否加糖及糖量。

图5-6-5 加粉

图5-6-6 加水

第五步：加热（如图5-6-7所示）。打开热源，调至最小火。

第六步：搅拌（如图5-6-8所示）。观察咖啡液，即将煮开时开始搅拌，边搅拌边加热。如果加糖则直至糖全部融化，停止搅拌。

图5-6-7 加热

图5-6-8 搅拌

第七步：反复加热（如图5-6-9所示）。继续小火慢煮，当即将沸腾时，咖啡液会出现泡沫。此时将土耳其壶拿下来，倒出一点点泡沫到咖啡杯中，然后继续加热。每当咖啡快要沸腾溢出时，就将土耳其壶从热源上取下。等液面下降后加热，重复两三次，咖啡就煮好了。

第八步：出品（如图5-6-10所示）。将咖啡液倒入咖啡杯，一杯土耳其咖啡制作完成。

图5-6-9 反复加热

图5-6-10 出品

100毫升水+10克粉是一杯土耳其咖啡的黄金比例。搅拌时须轻柔缓慢,搅拌太频繁就没有咖啡泡沫,所以要注意,避免将液面的粉层搅散(避免破渣),以免过度萃取。咖啡即将沸腾前,表面会出现一层金黄色的泡沫,泡沫会逐渐增多,迅速涌上,这时应立即将壶离火,将泡沫倒入杯子里,然后再将壶放回火上。经过几次沸腾,咖啡逐渐浓稠,当咖啡液量大概是水量的二分之一时,咖啡就煮好了。待咖啡渣沉淀到底部,再将上层澄清的咖啡液倒出,即可饮用。为了增加风味,可在咖啡中加入巧克力或蜂蜜等辅料。这样一杯美味的土耳其咖啡就做好了。

冲煮注意事项:

在使用土耳其壶冲煮咖啡之前,要检查所有器件是否干燥无水渍。如果使用的是酒精灯加热则要检查酒精量是否达到7分满,酒精量太多或太少都影响加热效果,另外检查火焰大小是否合适,可以通过灯芯长度调整火焰大小;如果使用的是电磁炉或者光波炉进行加热,务必保证加热器干燥没有水渍。加热过程中,要时刻观察咖啡液的浓度,把握好冲煮时间,以免咖啡干烧,引起危险。

使用土耳其壶制作一杯咖啡,要求能体现苦的口感,咖啡液量大概是水量的二分之一。

任务实施

(1)准备好所需物品,包括土耳其壶、磨豆机、光波炉/电磁炉、咖啡杯、搅拌棒、咖啡豆、冷水等。

(2)称豆。根据1∶10的粉水比称取1人分量的咖啡豆。

(3)研磨。将称好的咖啡豆研磨成极细粉末,类似于面粉粉末状。

(4)加粉。将研磨好的咖啡粉加入壶中。

(5)加水。将冷水加入土耳其壶中。

(6)加热。打开热源,调至最小火。

(7)搅拌。边搅拌边加热,观察咖啡液,即将煮开时开始搅拌。切记不要提前搅拌。

(8)加粉。将研磨好的咖啡粉加入壶中,观察咖啡液,即将煮开时开始搅拌。切记不要提前搅拌。

（9）反复加热。继续小火慢煮，当即将沸腾时，咖啡液会出现泡沫。此时将土耳其壶拿下来，倒出一点点泡沫到咖啡杯中，然后继续加热。每当咖啡快要沸腾溢出时，就将土耳其壶从热源上取下。加热时建议使用小火，可以延长咖啡萃取时间，使咖啡中的物质能够充分释放、萃取。如火焰太大，容易出现焦苦味。等液面下降后加热，重复两三次，直至咖啡液量大概是水量的一半时，咖啡就煮好了。

（10）品尝和总结。为了能真正品尝出土耳其咖啡独特的味道，在喝土耳其咖啡之前，最好先喝一口冰水，让口中的味觉，达到最灵敏的程度，之后就可以慢慢体会出土耳其咖啡那种微酸又带点苦涩的感觉。根据实施过程和品尝结果，分析总结。

怎样做咖啡杯测？

杯测是咖啡界评判咖啡特性和风味的一种方式，以专业的技巧和标准，客观地找出咖啡豆风味的优缺点，是国际咖啡品质的沟通语言。杯测是咖啡风味最直接的表达，也是人与咖啡最直接的交流。当产地收获咖啡时，当生豆商采购咖啡时，当烘焙师烘好豆子时，当咖啡师换新品种时，都会进行杯测。杯测能够更好地评估咖啡豆在贸易和烘焙的品质以及找出呈现咖啡豆最佳风味的方式。

杯测起源于19世纪后期，当时的生豆商会品尝各种各样的咖啡来决定他们想买哪种。1999年，杯测被用于卓越杯竞赛，SCAA创立了标准的杯测表，杯测被广泛使用起来。杯测能让我们对不同咖啡品种进行比较，更好地了解每一种咖啡的特质。

杯测流程：

（1）准备工作

咖啡豆：根据SCA的杯测规定：每种咖啡豆准备5份。

粉水比例：0.055∶1（通常会使用11克咖啡粉，200克水）。

研磨度：中度研磨，70%～75%的咖啡颗粒能通过0.85毫米的筛网。

水温：控制在94℃，可根据水质进行设置。

时间：咖啡总浸泡时间4分钟。

水质：TDS在75～250ppm之间（一般为矿泉水，不可使用自来水、纯净水等）。

工具：杯测碗、杯测勺、纸巾、吐杯、电子秤、秒表、磨豆机、热水壶、打分表、水杯等。

（2）闻干香　将磨好的咖啡粉放入杯测碗中并盖好，建议咖啡粉磨好后及时进行干香的评定。通过嗅觉感知咖啡粉中独特香气，比如花香、果香、发酵等调性，做好记录。

（3）注水　将94℃的热水按1∶0.055的水粉比，一次性注入杯测碗中，计时4分钟。建议在磨好粉的15分钟内进行注水，并尽快完成注水，缩短碗与碗之间的注水时间，提高萃取一致性。

（4）闻湿香　注水完成2分钟后，可进行湿香的评定，感受干香气到湿香气的变化，并做好记录。

（5）破渣　4分钟后杯测碗中形成咖啡渣壳，用杯测勺在咖啡渣壳上轻推三下，破除咖啡表面浮渣，搅拌过程不要太剧烈以免影响萃取。

（6）捞渣　破渣后把咖啡液表面的咖啡浮渣全部捞出。在捞渣前用热水把杯测勺清洗干净，避免混淆风味。

（7）品鉴　捞渣后，需等咖啡液温度降到70℃后方可进行饮用品鉴。

咖啡品鉴一般采用啜吸法，用啜吸的方式将咖啡液通过牙齿缝形成雾状进入口腔并最大面积地落入舌头上，能够更好地感知咖啡风味。每次啜吸后，杯测勺需清洗干净并用纸巾吸干水分，尽量减少咖啡液之间的交叉影响。

通过对咖啡的风味、酸质、甜度、醇厚度、回甘、余韵等方面对咖啡进行全方位品鉴，并做好记录。

（8）打分　可以将以上杯测过程通过杯测表记录并打分，综合参与成员的分数，便得出咖啡豆的杯测分数。

杯测礼仪：

（1）杯测期间不可喷香水；

（2）杯测期间饮食清淡；

（3）如感冒或身体不适请不要参加杯测；

（4）不披散长发，长发请在杯测开始前扎起来；

（5）杯测期间保持安静，独自打分。

咖啡师的工作职责

（1）热爱咖啡、了解咖啡。

（2）熟知咖啡文化、咖啡发展、咖啡业现状和原物料知识。

（3）熟练并正确使用各种咖啡类设备和器具。

（4）能够鉴别咖啡豆，对咖啡豆做出正确的感官评价。

（5）正确萃取咖啡，为顾客提供美味可口的咖啡饮品。

（6）保持咖啡厅环境整洁，确保餐具等整洁完好，备齐各种物料用品，确保正常营运。

（7）主动、热情、礼貌、耐心、周到接待顾客，爱岗敬业。

（8）掌控产品成本，收集客户对产品的反馈及改进提高。

（9）能进行与吧台运转相关制度体系建设。

（10）熟悉各种咖啡饮品的调制，并定期进行新品研发。

（11）传播咖啡文化，分享咖啡知识。

（12）协助培训新员工，积极帮助提升其工作的成功。

（13）具备咖啡师应具备的其他专业技能。

岗位实训

使用土耳其壶制作一杯咖啡，要求具有微甜的口感，咖啡液量大概是水量的二分之一，动作规范、熟练，富有技巧性。

自我评价

通过学习本任务：_____。

我学到了_____
_____。

其中我最感兴趣的是_____
_____。

我掌握比较好的是_____
_____。

对我来说难点是_____
_____。

我将通过以下方法来克服困难，解决难点：_____
_____
_____
_____
_____。

任务七　冷萃咖啡制作

学习目标

● **知识目标**
1. 了解冷萃咖啡的基本原理；
2. 认识制作冷萃咖啡的器具；
3. 掌握不同器具的操作方法和操作流程。

● **能力目标**
能够熟练用不同方法制作冷萃咖啡。

● **素质目标**
1. 通过学习不同方法制作冷萃咖啡，培养精益求精、敬业爱岗的工匠精神；
2. 通过学习冷萃咖啡的制作，培养与时俱进、勇于创新的意识。

任务描述

掌握不同方法制作冷萃咖啡的知识和操作技能，理解冷萃的萃取原理，掌握不同器具的萃取技能。

任务要求

1. 上课当日饮食宜清淡，忌重油重辣，准备好一次性勺子、纸巾；
2. 准备好咖啡壶、磨豆机、咖啡豆、咖啡杯等器具，用于演示冰滴咖啡壶萃取咖啡；
3. 进行实践操作，完成一壶冷萃咖啡的制作。

知识点一 基本原理

冷萃咖啡历史悠久，据说最早发明者是荷兰商人，他们常在海上航行，往来欧亚之间从事咖啡贸易，缺乏热水时就尝试用冷水冲泡咖啡，后来这种方法传到了日本。随着精品咖啡的深入，冷萃咖啡在北美开始流行，2017年在中国开始消费升温。

冷萃咖啡就是用冷水或冰水在低温下长时间萃取制作而成的咖啡。从制作方法上主要分为两种：冰滴和浸泡。通常把这两种萃取方式的咖啡称为冰滴咖啡和冷泡咖啡。

冰滴咖啡又称水滴咖啡，是使用冰水、冷水或者冰块萃取咖啡，是制作咖啡饮品的方式之一。冰滴咖啡萃取过程非常慢，一般需要6～24个小时。它的基本原理是，使用冰滴咖啡专用器具——冰滴咖啡壶，利用冷水或者冰水混合物与咖啡粉相容的特性，借由重力作用慢慢浸湿咖啡粉进行萃取，萃取出的咖啡根据咖啡豆的烘焙度、研磨度、水滴速度、水粉比例、水温等因素呈现不同的风味。

冷泡法是历史最悠久、操作方法最简单的一种冷萃咖啡制作方法。如果说冰滴咖啡属于滴滤萃取，那么冷泡咖啡就属于浸泡萃取。与冰滴咖啡不同的是，冷泡咖啡是将咖啡粉与冷水混合在一个容器里，冷藏一段时间后饮用。冷泡咖啡在甜度、醇厚度和质感上更胜一筹。

知识点二 专用器具

1. 冰滴咖啡器具

（1）冰滴咖啡壶　冰滴咖啡壶据说最早发明于荷兰，又称荷兰式冰咖啡滴滤器，常见的滴滤器由三四层的玻璃容器架在木座上组成（图5-7-1）。

（2）冰滴咖啡壶的结构组成　咖啡壶由六大器件组成，从上往下依次是：盛水器、水滴调整阀、咖啡粉杯、过滤器、咖啡液容器、玻璃容器架。

图5-7-1　冰滴咖啡壶

（3）冰滴咖啡壶各器件的使用功能和作用

盛水器：盛放冷水、冰水或冰水混合物。

水滴调整阀：金属材质，用于调整和设定水流速度。

咖啡粉杯：盛放咖啡粉。

过滤器：过滤咖啡粉。

咖啡液容器：盛放咖啡液。

原木支架：安放玻璃器。

（4）冰滴咖啡壶的使用方法　检查水滴调整阀是否关闭；按饮用人数把适量饮用冷水注入盛水器中，可放入适量冰块，一人份咖啡标准水量约为120毫升；用水将过滤器打湿，然后把它放入咖啡粉杯底部；把适量咖啡粉放入咖啡粉杯中，一人份咖啡粉量为10～12克，采用极细研磨的方式；把圆形滤纸放在咖啡粉表面中心位置，一般为盛水器下落水滴之着落点上；打开水滴调整阀让盛水器有水滴流出，水滴应滴在圆形滤纸上，标准水滴速度每10秒钟3～4滴，每隔2小时应调整1次；水滴会渗透圆形滤纸和咖啡粉，穿过过滤器，最后落在咖啡液容器中。

冰滴咖啡壶的保养：

① 使用前用清水清洗所有玻璃器及过滤器；

② 使用后应立即清洗所有玻璃器及过滤器；

③ 清洗后用柔丝巾擦干，做到无水渍；

④ 过滤器放在通风处晾干；

⑤ 定期更换滤布，如滤布破损或有异味，立即更换；

⑥ 放置阴凉通风处，保持干燥。

（5）冰滴咖啡壶的优缺点

优点：制作简单，萃取咖啡口感顺滑，风味突出。

缺点：萃取速度慢，价格昂贵，易碎。

2.冷泡咖啡器具

（1）冷泡壶　近几年随着冷萃咖啡的升温，市面上出现了各种各样的冷泡壶，常见的冷泡壶由一个玻璃器和一个过滤器组成。

（2）冷泡壶的结构组成　冷泡壶一般由两个器件组成，一个是玻璃容器，一个是过滤器（图5-7-2）。

图5-7-2　冷泡壶

（3）冷泡壶各器件的使用功能和作用

玻璃容器： 盛放冷水、冰水或冰水混合物。

过滤器： 过滤咖啡粉。

（4）冷泡壶的使用方法

按饮用人数把适量咖啡粉与水放入过滤器中，使用中细研磨咖啡粉；将研磨的咖啡粉倒入过滤器中，再将冷水缓慢倒入玻璃容器中，把瓶盖盖上，轻轻摇晃几下，让水和咖啡粉充分接触，最后放入冰箱冷藏12～24小时即可。

冷泡壶的清洗和保养：

① 使用前后用清水清洗玻璃器及过滤器；

② 清洗后用柔丝巾将玻璃容器擦干，做到无水渍；

③ 过滤器放在通风处晾干。

（5）冷泡壶的优缺点

优点： 制作方法简单，萃取咖啡口感丰富，甜度高，醇厚度高。

缺点： 萃取时间长，玻璃器易碎。

3.其他冷萃咖啡器具

法压壶、手冲壶等手工咖啡冲煮器具都可以用来制作冷萃咖啡，冲泡时将热水换成冷水或冰水即可。浸泡式的咖啡器具萃取方法与冷泡壶相似，而滴滤式的咖啡器具可在分享壶中加入冰块，当然要根据所使用的器具调整合适的粉水比、研磨度，才能萃取出顺滑可口的冷萃咖啡。

 知识点三　操作演示

1.冰滴咖啡操作

**称豆—研磨—加粉—放滤纸—加水—调节水滴调整阀—
等待萃取—滴滤完成—冷藏－出品**

第一步： 称豆（如图5-7-3所示）。称取适量咖啡豆。

第二步： 研磨（如图5-7-4所示）。细研磨，类似于细砂糖颗粒大小。原因：冰滴咖啡壶萃取温度低、时间长，细研磨咖啡粉可以充分萃取，增加咖啡风味。

M5-7 冰滴咖啡制作

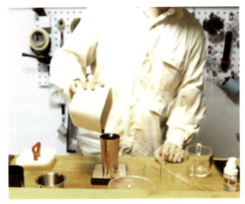

图5-7-3 称豆

图5-7-4 研磨

第三步：加粉（如图5-7-5所示）。将研磨好的咖啡粉倒入咖啡粉杯中，将咖啡粉轻轻拍平，使咖啡粉尽可能平铺在壶身底部。

第四步：放滤纸（如图5-7-6所示）。将圆形滤纸放在咖啡粉表面中心位置。

图5-7-5 加粉

图5-7-6 放滤纸

第五步：加水（如图5-7-7所示）。将水加入盛水器中，可加入少量冰块。

第六步：调节水滴调整阀（如图5-7-8所示）。打开水滴调整阀让盛水器有水滴流出，水滴应滴在圆形滤纸上，标准水滴速度每10秒钟3～4滴，每隔2小时应调整1次。

第七步：等待萃取（如图5-7-9所示）。时间6～8小时。

第八步：滴滤完成（如图5-7-10所示）。等待咖啡液全部落入咖啡液容器中即完成滴滤。

图5-7-7　加水

图5-7-8　调节水滴调整阀

图5-7-9　等待萃取

图5-7-10　滴滤完成

第九步：冷藏。建议将萃取完成的咖啡放入冰箱冷藏24小时，风味更佳。

第十步：出品（如图5-7-11所示）。将冷藏后的咖啡液倒入咖啡杯，一杯用冰滴方式制作的冰萃咖啡完成。

图5-7-11　出品

1.冰滴壶萃取咖啡可以参考1∶12的粉水比,后续可根据感官评估进行调整。

2.建议使用细研磨,也可根据感官评估进行调整研磨度。

3.可以使用室温下的饮用水,也可以使用0℃的冰水混合物。水温高,萃取率高,香气上扬,发酵酒酿风味突出;水温低,萃取率低,香气内敛,酸度更加柔和。

4.萃取速度要稳定,注意定时观察水流变化。

5.滴滤咖啡被氧化程度比较重,风味会容易劣化,萃取完成尽快装瓶密封保存,以便延长饮用时间。

2.冷泡咖啡操作演示

M5-8 冷泡咖啡制作

称豆—研磨—加粉—加水—摇晃—密封—冷藏—分享

第一步:称豆(如图5-7-12所示)。称取适量咖啡豆。

第二步:研磨(如图5-7-13所示)。中细研磨,类似于白砂糖颗粒大小。

图5-7-12 称豆

图5-7-13 研磨

第三步:加粉(如图5-7-14所示)。将研磨好的咖啡粉倒入过滤器中,将咖啡粉轻轻拍平。

第四步:加水(如图5-7-15所示)。将适量冷水或冰水倒入冷泡壶中。

图5-7-14 加粉

图5-7-15 加水

第五步：摇晃（如图5-7-16所示）。轻轻地摇晃几下，使咖啡粉和水充分接触。

第六步：密封（如图5-7-17所示）。将容器盖好盖子或封口。

图5-7-16　摇晃　　　　　　　　　图5-7-17　密封

第七步：冷藏。将冷泡壶放入冰箱冷藏12～24小时。

第八步：过滤（如图5-7-18所示）。把冷藏好的咖啡倒入有滤纸的滤杯，将咖啡液过滤出来。

第九步：出品（如图5-7-19所示）。将过滤后的咖啡液倒入咖啡杯，一杯用冷泡方式制作的冰萃咖啡完成。

图5-7-18　过滤　　　　　　　　　图5-7-19　出品

提示

1.冷泡壶萃取咖啡可以参考（1∶14）～（1∶15）的粉水比，后续可根据感官评估进行调整。

2.建议使用中细研磨，也可根据感官评估进行调整研磨度。研磨度要和浸泡时间相对应，研磨越粗，浸泡时间越长；研磨越细，浸泡时间越短。

3.萃取时长在6～24小时。

4.冷泡咖啡在甜度、醇厚度和质感上更胜一筹。一般是晚上将咖啡粉与冷水融合放在冰箱冷藏，第二天早上即可饮用。如多放置几天，咖啡风味会不断发酵变化，水粉更加融合，口感更加柔顺，发酵风味更加突出。

（1）使用冰滴咖啡壶制作一壶冷萃咖啡，要求咖啡口感顺滑，风味突出。
（2）使用冷泡壶制作一壶冷萃咖啡，要求咖啡口感丰富，甜度高，醇厚度高。

一、冰滴咖啡

（1）**准备好所需物品**　包括冰滴咖啡壶、滤纸、磨豆机、咖啡杯、咖啡豆、冷水等。

（2）**称豆**　称取适量咖啡豆。

（3）**研磨**　采取细研磨的方式将咖啡豆研磨成类似于细砂糖颗粒大小的咖啡粉。

（4）**加粉**　将研磨好的咖啡粉倒入咖啡粉杯中，将咖啡粉轻轻拍平，使咖啡粉尽可能平铺在壶身底部。

（5）**放滤纸**　将圆形滤纸（水滴咖啡器专用6号圆形滤纸）放在咖啡粉表面中心位置，一般为盛水器下落水滴之着落点上。

（6）**加水**　将适量冷水或冰水加入盛水器中，也可加入少量冰块。

（7）**调节水滴调整阀**　打开水滴调整阀让盛水器有水滴流出，水滴应滴在圆形滤纸上，标准水滴速度每10秒钟3～4滴，建议每隔2小时检查流速并做调整。

（8）**等待萃取**　时间6～8小时。

（9）**滴滤完成**　等待咖啡液全部落入咖啡液容器中即完成滴滤。

（10）**冷藏**　建议将萃取完成的咖啡放入冰箱冷藏24小时。

（11）**品鉴和总结**　一壶冰滴咖啡做好了，通过品鉴，分析总结。

二、冷泡咖啡

（1）**准备**　准备好所需物品，包括冷泡壶、磨豆机、咖啡杯、咖啡豆、冷水等。

（2）**称豆**　称取适量咖啡豆。

（3）**研磨** 中细研磨，类似于白砂糖颗粒大小。
（4）**加粉** 将研磨好的咖啡粉倒入过滤器中，将咖啡粉轻轻拍平。
（5）**加水** 将适量冷水或冰水倒入冷泡壶中。
（6）**摇晃** 轻轻地摇晃几下，使咖啡粉和水充分接触。
（7）**密封** 将容器盖好盖子或封口。
（8）**冷藏** 将冷泡壶放入冰箱冷藏12～24小时。
（9）**过滤** 将咖啡液过滤出来。
（10）**品尝和总结** 一壶冷泡咖啡做好了，通过看、闻、品三个步骤，总结冷萃咖啡的风味及制作过程和操作要点。

咖啡品鉴

咖啡杯测是咖啡的品鉴方式，可以实现在同一时间内品尝多种咖啡。进行杯测前需准备咖啡豆、烧水壶、电子秤、水、玻璃杯、计时器、杯测勺和磨豆机。以下为进行咖啡品鉴的六个步骤：

第一步 闻香

干香：将新鲜研磨的咖啡粉凑近在口鼻处，你会感知到来自不同咖啡产地的不同咖啡的干香。比如在拉丁美洲咖啡中你将闻到类似于坚果、黑巧克力的味道；而非洲产区的咖啡则多有花草、水果的风味。

湿香：将制作好的咖啡倒入杯中，闭上眼睛，慢慢地闻它的湿香，也许你会闻到坚果香、巧克力香、果香或花香。

当你在品鉴咖啡时，你还必须掌握区分口味和香气的技巧。没有味觉，咖啡只不过是散发气味的香水；没有嗅觉，咖啡只不过是带有苦味的浓汤。在品鉴咖啡时，你的味觉需要捕捉其中的甜与苦，你的嗅觉需要根据咖啡的种类捕捉其中特殊的气味。只有将味觉与嗅觉相结合，你才能真正品鉴出咖啡的品质，分辨出其中哪些味道是你喜欢的，哪些是你不喜欢的。

第二步 尝风味

当咖啡喝到口中的时候，你能感到它的风味。在这方面许多爱好者，特别是刚刚开始接触咖啡品鉴的爱好者，总认为咖啡喝着没有闻着好。的确，咖啡液体在口中进行感官辨别是需要一定锻炼的，但时间久了，其中的风味也就可以察觉了。

第三步　感知回味

咖啡在喝下去后总会有一个味道从喉咙处返回来，有的回味很持久很清晰，有的则很短暂很模糊。我们说较持久较清晰的回味是好的，这样的咖啡生豆的质量较高。

第四步　体会酸度

很多人不喜欢咖啡中有酸味，喜欢很醇厚甚至口味较强的咖啡。如果想成为咖啡的品鉴者，入门的钥匙就是认识咖啡中的酸。必须说明的是，不是越酸的咖啡就越好，咖啡中的甜和酸类物质是咖啡风味复杂程度的物质组成部分。有些咖啡酸度很高，在专业杯测中只能得到很低的分数，有些咖啡中虽带酸，但是是那种甜中带酸很舒服很圆润的酸，就会得到较高分数。

第五步　感知醇厚度

感知咖啡的醇厚度，也就是咖啡的油脂浓厚度。在专业的咖啡品尝中，这个指标也被称为口感，形象化地解释为水和油。油比水更黏稠，所以口感的值就会高于水，高品质的咖啡就会比低品质的咖啡口腔触感更加饱满，更加有分量，得分就会更高。有些咖啡喝起来就会觉得口腔里非常饱满，而有些咖啡喝起来风味感飘忽短暂，前者为优，后者为劣。

第六步　发现缺陷

一杯咖啡从闻香到饮后回甘，整个过程都没有负面的味道，比如说：不干净、涩口、发酵味。如果有这样的味道，那么这样的咖啡是不能成为精品咖啡的。如果希望能尽快在杯品上面有突破，突破的核心任务是能够发现和抓住负面的味道。

在品鉴咖啡之前，最好先锻炼大脑对芳香和口味的分类能力。这需要品尝不同的咖啡和美食，让自己的味觉记忆强大起来，只有这样你的咖啡体验才能不断趋于完整。

世界咖啡师大赛

世界咖啡师大赛（World Barista Championship，WBC），是每年由世界咖啡协会（WCE）承办的卓越的国际咖啡大赛，是国际领先水平的竞技。大赛专注于发扬咖啡文化，宗旨是推出高品质的咖啡，促进咖啡师职业化。世界咖啡协会（WCE）成立于爱尔兰首都都柏林，由欧洲专业咖啡协会和美国精品咖啡协会共同注册成立。

每一年，来自世界各地超过50多个国家的冠军代表，将在15分钟内按照严格的要求和标准做出4杯意式浓缩咖啡、4杯卡布奇诺和4种创意咖啡。来自世界各地的WCE专业评委将对每个作品的口感、洁净度、创造力、技术水平和整体表现做出评判、打分。第一轮比赛胜出的12名选手晋级半决赛，半决赛胜出的6名选手晋级决赛，决赛胜出者将成为世界咖啡师大赛年度冠军。WBC赛事承载了咖啡师的梦想，是考验咖啡师实际操作能力最好的标杆。

世界咖啡师大赛中国区选拔赛授权于世界咖啡师竞赛（WBC），是目前中国唯一一项具有专业水准、系统运作和国际认证的咖啡制作比赛，享有"咖啡奥林匹克"的美誉。其旨在发现和引导咖啡潮流、传播咖啡文化，为全球的职业咖啡师提供一个表演、竞技和交流的平台。

赛事于2003年引入中国后，着重突出咖啡的制作环节和技术，并一直致力于弘扬中国咖啡文化理念和事业。该项赛事一直以来得到了中国咖啡业内企业的普遍赞誉和鼎力支持，也成为了中国新一代咖啡师成长的摇篮。

赛事规则：

（1）参赛选手将接受四位感官评委，两位技术评委和一位裁判长的评判。

（2）每位选手应在15分钟内总计完成12杯饮品，并分别给四位感官评委呈送三种饮品各一杯（Espresso、牛奶咖啡、创意咖啡）。裁判长可以品尝任意一杯呈送给感官评委的饮品。

（3）提供饮品的顺序由选手自行决定，但是每种类别的饮品必须全部呈上后（比如全部4杯Espresso呈上后）才可以呈送另外一种饮品，否则选手将被取消比赛资格。创意咖啡元素的准备及相关服务可以在比赛时间内的任意时间段进行。

（4）每个类别的四杯饮品如何端上由选手自行决定（可以一次一杯，一次两杯，或者四杯同时送上）。饮品一旦送上，感官评委立即对饮品进行品评。

（5）每个类别的四杯饮品必须是使用的相同的咖啡豆，然而，不同的类别则可以更换咖啡豆。每个类别的四杯饮品都必须使用相同的原料和相同的配方来制作。在同一类别内刻意准备和提供不同的饮品（偏离了该类别内提供的第一杯饮品时的配方）将在味道的平衡度上得零分。

（6）在比赛过程中参赛选手可以制作任意数量的饮品，但感官评委只对送上的饮品进行品评。

饮品定义：

- Espresso

（1）咖啡是指由咖啡属植物的果实中的种子经烘焙后的产品。

（2）从咖啡豆被采摘（像樱桃的时候）到萃取成饮品的任意时间内，咖啡豆不可以有任何添加剂、调味剂、染色剂、香料、芳香剂、液体、粉末等。生长、耕种和咖啡初级加工处理阶段所用的物质是被允许的（如肥料等）。

（3）咖啡豆可以是拼配的、单一产区、单一国家或单一庄园的等等。

（4）所有感官评委都必须品尝到一杯完整的Espresso，如果呈上的饮品未能遵从Espresso的定义，那么口味和触感方面的分数将反映感官体验的结果。Espresso可以用不同数量的咖啡来制作。

（5）Espresso的冲煮温度应在90.5～96℃之间（195～205 ℉）。

（6）意式咖啡机的冲煮压力应设定在8.5～9.5个大气压之间。

（7）两组Espresso的萃取时间差必须在3.0秒之内，否则"萃取时间"项将给予"否"。萃取时间推荐在20～30秒之间，但不强制。

（8）呈上的Espresso表面上必须有Crema。

（9）Espresso必须使用60～90毫升的容器呈上，评委使用它饮用时不能对评委准确评分有功能上的妨碍。这包括（但不局限于）：杯子过热以致不方便拿握或喝起来不安全，评委无法执行Espresso的评估准则。否则"功能和使用正确的Espresso杯"项将给予"否"。

（10）Espresso送上时必须向评委提供合适的咖啡匙、纸巾和没有风味的水。否则选手将会在"关注细节"项被扣分。

（11）手把里除了研磨咖啡粉和水，不能放入其他任何东西。否则将在所有的评分表（技术、感官）上Espresso的部分得零分。

● 牛奶咖啡

（1）一杯牛奶咖啡是由单份的Espresso和打发的奶牛的牛奶制作而成，应制作出具有丰富带有甜感的牛奶和Espresso和谐平衡的饮品，量杯小于240毫升。

（2）牛奶咖啡可以使用拉花形式或者传统形式制作（中心是白色牛奶的圆），拉花的表现形式由选手自由选择。

（3）牛奶咖啡所使用的杯具，评委在饮用的时候，不能对评委准确评分有功能上的妨碍。这包括（但不局限于）：器皿过热以致不方便拿握或喝起来不安全，否则"使用正确的杯具"项将给予"否"。

（4）不允许添加任何顶部装饰，包括但不限于糖、香料或粉末状调味品，如果使用，选手将在"味道的平衡度"项得零分。

（5）奶咖送上时必须向评委提供纸巾和没有风味的水。否则选手将会在"关注细节"项被扣分。

（6）手把里除了研磨咖啡粉和水，不能放入其他任何东西。否则将在所有的评分表（技术、感官）上牛奶咖啡的部分得零分。

● 创意咖啡

（1）创意咖啡是通过选手的创造力和技巧的展示，从而制作出一款吸引人的、独特的、Espresso 为重点的饮品。

（2）创意咖啡必须是一款液体饮品，评委能够喝。食材可以伴随着饮品一起，但是感官评委将只对饮品的部分进行品评。

（3）每份创意咖啡中都应至少包含一份 Espresso，否则选手将在感官评分表上创意咖啡环节味道的平衡度部分得零分。任何一杯创意咖啡需包含一份 Espresso，否则这款创意咖啡将会在感官评分表中"味道的平衡度"一项将给予零分。

（4）在创意咖啡部分使用的 Espresso 必须在选手的比赛时间内制作。否则选手将在感官评分表上创意咖啡环节"味道的平衡度"部分得零分。

（5）创意咖啡中必须明显呈现出 Espresso 的味道。否则"味道的平衡度"项的分数将会反映感官体验的结果。

（6）创意咖啡可以以任何可消费的温度来呈上。

（7）除酒精、酒精提取物及其副产品，或非法的原辅材料不得在创意咖啡中使用外，其他都可以使用。如果这些材料在饮品中被发现，选手将在创意咖啡类别的所有感官评分表上的所有项目均得零分。

（8）所有原辅材料应按要求公开。参赛选手在创意咖啡中使用的原辅料，都应当将原包装带到现场由评委来检查需核实的部分。如果选手在要求的时候不能提供原包装，那么这款创意咖啡将在创意咖啡类别的所有感官评分表上的所有项目中给予零分。

（9）创意咖啡饮品所使用的材料应在比赛时间内在现场制作和装配。创意咖啡的制作部分将被记录在感官评分表上"充分的说明介绍和制作"项上。某些有必要的材料在比赛时间之前制作（比如，需要24小时浸泡的）是可接受的。

（10）手把里除了研磨咖啡粉和水，不能放入其他任何东西。否则这款创意咖啡将在所有的评分表（技术、感官）上创意咖啡的部分得零分。

岗位实训

（1）使用冰滴咖啡壶制作一壶冷萃咖啡，要求动作规范、熟练，富有技巧性。

（2）使用冷泡壶制作一壶冷萃咖啡，要求动作规范、熟练，富有技巧性。

（3）品鉴使用冰滴咖啡壶与冷泡壶制作的咖啡的区别。

自我评价

通过学习本任务：_____。

我学到了_____

_____。

其中我最感兴趣的是_____

_____。

我掌握比较好的是_____

_____。

对我来说难点是_____

_____。

我将通过以下方法来克服困难，解决难点：_____

_____

_____

_____。

参考文献

[1] 庄野雄治（文字），平泽摩里子（绘）. 手冲一杯好咖啡[M]. 巫莎莎，译. 重庆：重庆大学出版社，2015.

[2] 郑昕. 咖啡饮品制作[M]. 成都：西南交通大学出版社，2020.

[3] 詹姆斯·霍夫曼. 世界咖啡地图[M]. 北京：中信出版社，2020.

[4] 张粤华. 咖啡调制[M]. 重庆：重庆大学出版社，2013.

[5] 张阳灿，林怡呈. 世界咖啡豆烘焙履历图鉴[M]. 福州：福建科学技术出版社，2021.

[6] 杨辉，侯广旭. 咖啡调制技能指导[M]. 北京：中国人民大学出版社，2011.

[7] 徐春红. 咖啡制作[M]. 杭州：浙江大学出版社，2018.

[8] 王森，张婷. 玩转拉花咖啡[M]. 北京：中国轻工业出版社，2010.

[9] 王立职，邓泽民. 咖啡调制与服务[M]. 北京：中国铁道出版社，2016.

[10] 田光寿咖啡培训学校. 咖啡入门100问[M]. 沈阳：辽宁科学技术出版社，2020.

[11] 特里斯坦·斯蒂芬森. 咖啡指南[M]. 李龙毅，译. 北京：北京联合出版有限责任公司，2015.

[12] 孙炜，双福. 经典咖啡调制手册[M]. 北京：中国纺织出版社，2010.

[13] 苏莉，李聪. 咖啡技艺[M]. 北京：北京理工大学出版社，2017.

[14] 齐鸣. 新咖啡大师技术宝典手工咖啡实战[M]. 南京：江苏凤凰科学技术出版社，2020.

[15] 玛丽·班克斯，克里斯丁·麦费登，凯瑟琳·埃克丁森. 咖啡圣经[M]. 徐舒仪，译. 北京：机械工业出版社，2015.

[16] 吕波. 咖啡调制技能训练[M]. 西安：西北大学出版社，2021.

[17] 罗媛媛，余冰，伍依安. 世界民族饮品文化咖啡制作篇[M]. 上海：东华大学出版社，2021.

[18] 李伟慰，周妙贤. 咖啡制作与服务 [M]. 广州：暨南大学出版社，2015.

[19] 林蔓祯. 咖啡冲煮大全 [M]. 南京：江苏科学技术出版社，2018.

[20] 拉尼·金斯顿. 如何制作咖啡：咖啡豆背后的科学 [M]. 金黎暄，译. 长沙：湖南美术出版社，2019.

[21] 韩怀宗. 世界咖啡学 [M]. 北京：中信出版社，2016.

[22] 韩怀宗. 精品咖啡学 [M]. 北京：中国戏剧出版社，2012.

[23] 郭光玲. 咖啡师手册 [M]. 北京：化学工业出版社，2008.

[24] 弗朗索瓦·艾蒂安. 咖啡实用指南 [M]. 郑雅文，译. 南京：江苏科学技术出版社，2021.

[25] 安宰赫，申昌浩. 意式浓缩咖啡制作百科 [M]. 周琳，译. 北京：化学工业出版社，2016.